Leitfäden der angewandten Informatik

H. Hultzsch
Prozeßdatenverarbeitung

Leitfäden der angewandten Informatik

Herausgegeben von

Prof. Dr. L. Richter, Dortmund
Prof. Dr. W. Stucky, Karlsruhe

Die Bände dieser Reihe sind allen Methoden und Ergebnissen der Informatik gewidmet, die für die praktische Anwendung von Bedeutung sind. Besonderer Wert wird dabei auf die Darstellung dieser Methoden und Ergebnisse in einer allgemein verständlichen, dennoch exakten und präzisen Form gelegt. Die Reihe soll einerseits dem Fachmann eines anderen Gebietes, der sich mit Problemen der Datenverarbeitung beschäftigen muß, selbst aber keine Fachinformatik-Ausbildung besitzt, das für seine Praxis relevante Informatikwissen vermitteln; andererseits soll dem Informatiker, der auf einem dieser Anwendungsgebiete tätig werden will, ein Überblick über die Anwendungen der Informatikmethoden in diesem Gebiet gegeben werden. Für Praktiker, wie Programmierer, Systemanalytiker, Organisatoren und andere, stellen die Bände Hilfsmittel zur Lösung von Problemen der täglichen Praxis bereit; darüber hinaus sind die Veröffentlichungen zur Weiterbildung gedacht.

Prozeßdatenverarbeitung

Von Dr. rer. nat. Hagen Hultzsch
Gesellschaft für Schwerionenforschung
Darmstadt

Mit 88 Figuren und 4 Tabellen

 B. G. Teubner Stuttgart 1981

Dr. rer. nat. Hagen Hultzsch

1940 geboren in Birkenfeld/Nahe. Von 1959 bis 1965 Studium der Physik an der Johannes Gutenberg Universität in Mainz. 1966 bis 1973 und 1974 bis 1976 Mitarbeiter am Institut für Kernphysik der Universität Mainz. 1970 Promotion. 1972 bis 1976 Assistenzprofessor am Fachbereich Physik der Universität Mainz. 1969 bis 1976 Beratungs- und Lehrtätigkeit in der Computerindustrie. 1973 und 1974 Fellow am Thomas J. Watson Research Center in Yorktown Heights (USA). Seit 1977 Leiter des Rechenzentrums der Gesellschaft für Schwerionenforschung.

CIP-Kurztitelaufnahme der Deutschen Bibliothek

Hultzsch, Hagen:
Prozeßdatenverarbeitung / von Hagen Hultzsch. —
Stuttgart : Teubner, 1981.
  (Leitfäden der angewandten Informatik)
  ISBN 978-3-519-02454-5   ISBN 978-3-322-93093-4 (eBook)
  DOI 10.1007/978-3-322-93093-4
NE: GT

Umschlaggestaltung: W. Koch, Sindelfingen

<u>Vorwort</u>

Dieses Buch ist entstanden aus den Manuskripten zu Vorlesungen
und Seminaren, die ich von 1971 bis 1979 an der Universität
Mainz durchgeführt habe. Wie bei diesen Lehrveranstaltungen
ist es auch Ziel dieses Buches, die für komplexere Anwendungen
in der Prozeßdatenverarbeitung notwendigen Kenntnisse zu vermitteln. Trotz mannigfaltiger Literatur über Datenverarbeitung
haben sich bisher nur wenige Autoren mit diesem anwendungs-
nahen Spezialgebiet befaßt.

Ich habe es deshalb vorgezogen, in pragmatischer Weise die
heute üblichen Architekturen für Prozeßrechner und Kommunikationsschnittstellen aufzuzeigen und dabei grundlegendere Überlegungen nur gelegentlich zu streifen. Die für den Anwender in
der Prozeßdatenverarbeitung charakteristischen Aspekte von Betriebssystem und Programmiersprachen werden erläutert, ohne
auf allgemeinere Fragestellungen dieser Gebiete einzugehen.
Dem Anwender soll damit eine Übersicht vermittelt werden, die
ihn in die Lage versetzt, Entscheidungen über die Vorzüge bestimmter Mechanismen in den seine Projekte betreffenden Fällen
zu finden.

In den sieben Kapiteln dieses Textes werden zu Anfang die
typischen Merkmale der Prozeßdatenverarbeitung herausgearbeitet und damit auch die Abgrenzung zu anderen Gebieten der
Datenverarbeitung gefunden. In den folgenden Abschnitten
werden die Charakteristika aller beim Einsatz von Prozeßrechenanlagen verwendeten Komponenten behandelt. Dabei habe
ich nach einer Darstellung der Prinzipien eine Reihe von Implementierungsformen anhand heute üblicher Geräte und Techniken aufgezeigt mit dem Ziel, dem Leser in der bereits genannten Weise Möglichkeiten zum Vergleich von Funktions- und
Leistungsmerkmalen zu schaffen.

Der Ausblick auf typische Anwendungsgebiete berührt die Aufgabenstellungen besonders komplexer oder stark wachsender Problemfelder der Prozeßdatenverarbeitung; eine ausführlichere Erarbeitung dieses Themenkreises wird dem Leser überlassen. In den einzelnen Abschnitten des Textes werden die Verbindungen zu verschieden Anwendungen jedoch durch eine Reihe schematisiert erläuterter Aufgabenkreise hergestellt.

Im Text sind 88 Abbildungen und vier Tabellen eingearbeitet, mit deren Hilfe es gelingen soll, die zunächst unübersichtlichen Strukturen in den Geräten und Programmen faßbar zu machen. Mit ihrer Hilfe soll es besonders dem Anfänger in der Prozeßdatenverarbeitung leicht fallen, sich in die Zusammenhänge einzudenken.

Bei der Durchsicht des Manuskripts haben mich Herr Dr. Lustig und Herr Dr. Winkelmann unterstützt, wofür ich ihnen sehr danke. Herrn Prof. Richter bin ich für seine Anregung zur Zusammenstellung der Vorlesungsmanuskripte und für seine wertvollen Hinweise bei der Konzeption und während der Fertigstellung des Textes verbunden. Viele der Darstellungsformen gehen auf Fragestellungen und Hinweise von Studenten und Kollegen während der Vorlesungen und Seminare in Mainz zurück; die kritischen Diskussionen und Kommentare haben sich als nützliche Hilfe für die Aufbereitung des Textes erwiesen.

Frau D. Nitsch und Frau I. Poppert haben mir trotz vielfältiger anderer Aufgaben bei der Erstellung des vorliegenden Textes und bei der Beschriftung der Figuren geholfen; Frau I. Strehl und Herr K. Graf haben den größeren Teil der Figuren als Vorlagen erstellt; allen danke ich für die bereitwillig engagierte Mitarbeit. Der Geschäftsführung der Gesellschaft für Schwerionenforschung gilt mein Dank für die Förderung des Vorhabens.

Darmstadt, im Frühjahr 1981   H. Hultzsch

Inhalt

1 Einführung

Als Folge der Technisierung weiter Bereiche unseres Umfeldes haben Prozeßrechner eine herausragende Rolle übernommen, die naturgemäß nur vom Fachmann zu erkennen ist. Besonders nach der Miniaturisierung der Schaltkreise in heutigen Rechenanlagen sind Prozeßrechner in Form von Mikroprozessoren in dem Gerätepark wissenschaftlicher, technischer aber auch privater Bereiche enthalten. Die Vorteile der programmierbaren Ablaufsteuerung können seither sehr weitgehend ökonomisch sinnvoll zugänglich gemacht werden.

Die Bezeichnung "Prozeßrechner" ist jedoch wie ähnliche Synonyme in der Datenverarbeitung von ihrem semantischen Gehalt her unpräzise und nur durch die historisch eingebürgerte Sprechweise festgelegt. Im angelsächsischen Sprachraum wird neben dem allgemeineren "Minicomputer" das präzisere "Process Control Computer" gebraucht; das Arbeitsgebiet wird auch als "Sensor-Based Computing" bezeichnet. Mit diesen Bezeichnungen sind die Schwerpunkte der Leistungsmerkmale der zu diskutierenden Rechnerklasse beschrieben; tatsächlich ist damit bereits eine Abgrenzung zum breiten Spektrum kommerzieller oder wissenschaftlich-technisch orientierter Rechner gefunden, bei denen der Anwender üblicherweise lediglich mit dem ihm zur Verfügung stehenden Sprachprozessor kommuniziert, ohne mit den gerätespezifischen Funktionsmerkmalen vertraut sein zu müssen. Daß die Übergänge bei dieser Art von Abgrenzung fließend sind, ist selbstverständlich, insbesondere dann, wenn eine Anwendung sowohl Elemente der "sensor-orientierten Datenverarbeitung" enthält als auch Analyseverfahren mit numerischen oder zeichenorientierten Funktionskomponenten von Sprachprozessoren verwendet. Naturgemäß treten Rechnerarchitekturen bestimmter Funktionsmerkmale in verschiedenen Anwendungsbereichen unterschiedlich häufig auf. Zum einen findet man bei stark sinkenden Hardware-Gestellungskosten bestimmte Rechner häufig in

Systemen mit sehr stark unterschiedlichem Anwendungsspektrum, wobei bestimmte Funktionselemente je nach Anwendung ungenutzt bleiben können; zum anderen enthalten heutige Großrechenanlagen oder auch Mehrrechnersysteme für spezielle Anwendungen eine Vielzahl von Spezialprozessoren mit sensor-orientierten Merkmalen. Tatsächlich wissen wir aus der Sicht des Anwenders, daß bei komplexeren Problemstellungen in der Prozeßdatenverarbeitung seltener die arithmetischen oder numerischen Teile zu den schwieriger zu lösenden Aufgaben führen; dank ausgezeichneter Dokumentation und Verbreitung sind sie meist in Form von erprobten Algorithmen greifbar. Viel häufiger stellen die organisatorischen Fragestellungen der Datenübermittlung oder der Datenspeicherung unter bestimmten zeitlichen oder ökonomischen Randbedingungen den Anwender vor schwer zu lösende Probleme; gelegentlich auch bauen sie unüberschreitbare Grenzen auf.

Im Zusammenhang mit der Entwicklung unserer heutigen Rechenanlagen taucht die Bezeichnung "Process Control Computer" wohl zum ersten Male in den Jahren 1955 und 1956 bei den Rechnern Bourroughs E-101, Bendix G-15 und Librascope LGP-30 auf. Bereits 1960 werden von den Herstellern Control Data Corporation und International Business Machines mit den Geräten CDC 160 und IBM 1620 tatsächliche Prozeßrechner hergestellt, die für "Data Acquisition and Processing" bzw. "Process Control" eingesetzt werden. Ihr Anwendungsspektrum entspricht bereits dem hier zu diskutierenden Bereich. Im Jahre 1963 folgt dann sehr schnell die Rechenanlage PDP 5 (Programmable Digital Processor) von Digital Equipment und kurz darauf, im Jahre 1965, der sehr weit verbreitete Kleinprozeßrechner PDP 8. Bereits 1965 gibt es auch die ersten 16-bit-Minicomputer, deren Grundkonzeptionen sich in den heute verbreiteten Geräten wiederfinden. Typische Vertreter dieser Rechnerklasse waren damals CDC 1700, IBM 1800 und 1130, sowie Varian 620.

Das Gedankengut, das zu den frühen mechanischen Rechenwerken geführt hat, wird meist als Vorstufe der heutigen Rechenanlagen für numerische und zeichenverarbeitende Anwendungen angesehen. Gerechterweise müssen deshalb in Analogie auch all die Steuerwerke in Drehorgeln, Musikautomaten und technischen Anlagen ebenfalls mit in die historischen Betrachtungen der Entwicklung zu heutigen Prozeßrechnern einbezogen werden. Tatsächlich ist das Arbeitsprinzip bei der Speicherung einer Tonsequenz durch Lochungen auf einer Holzplatte bei einem historischen Musikautomaten des Jahrmarktes und der Speicherung von Musterinformationen im Arbeitsspeicher eines Prozeßrechners innerhalb eines heutigen Webautomaten gleichartig, wenn man die unterschiedlichen technischen Medien zur Speicherung und Übertragung von Informationen außer acht läßt.

Zu der Entwicklung heutiger Prozeßrechner haben neben den bereits zu Anfang aufgezeigten Funktionsmerkmalen eine Reihe weiterer Konzeptionsziele beigetragen. Treibendes Moment bei der Festlegung der Rechnerarchitekturen war neben anderen Einflußfaktoren auch die Forderung nach niedrigen Gestellungskosten durch Beschränkung der Funktions- und Leistungsmerkmale auf die anwendungsspezifischen Leistungscharakteristika. Prozeßrechner verfügen deshalb im Vergleich zu Universalrechnern in der Regel über eine kürzere Wortlänge (8,12,16,18 oder gelegentlich auch 24 bit), einen daraus resultierenden geringeren Basis-Adreßraum und ein eingeschränktes Instruktionsspektrum. Aus der Notwendigkeit, Prozeßrechner als Funktionskomponenten in komplexere Anlagen zu integrieren, entsteht die Forderung nach möglichst geringer Baugröße sowohl der Rechenanlagen selbst als auch der peripheren Geräte, die zur Datenaufzeichnung oder zur längerfristigen Datenspeicherung erforderlich sind. Eine Reihe von Prozeßrechnerarchitekturen sind wesentlich von der Forderung geprägt, extrem schnell auf bestimmte Anforderungen zu reagieren und vorbereitete Programmabläufe zu aktivieren.

Noch 1965 ist die Zahl der als Prozeßrechner eingesetzten Rechenanlagen relativ klein. Mit steigender Zuverlässigkeit und zunehmender Vertrautheit der Anwender finden sie bereits einige Jahre später in wissenschaftlichen und technischen Bereichen eine weite Verbreitung. Das Angebot an Modellen verschiedener Hersteller auf internationaler Ebene hat schon damals eine ganz erhebliche Größenordnung erreicht, so daß in den folgenden Jahren eine schnelle Entwicklung zu ständig verbesserten und einfacher zu handhabenden Geräten einsetzen kann; sie ist die Voraussetzung der heutigen Verbreitung von Prozeßrechnern. 1979 werden in den gängigen Zusammenstellungen (Da2) über Minicomputer etwa 300 verschiedene Modelle von etwa 200 verschiedenen Herstellern aufgeführt. Wenn die meist auch als Prozeßrechner einsetzbaren Mikrocomputer hinzugerechnet werden, erhöht sich diese Zahl noch einmal merklich. Es ist selbstverständlich, daß der Verbreitungsgrad dieser Geräte unterschiedlich ist; dies macht es dem Autor leichter, bestimmte Geräte bei der vorgesehenen pragmatischen Betrachtungsweise als typisch herauszugreifen.

2 Typische Aufgabenkreise in der Prozeßdatenverarbeitung

Informationsaustausch mit Apparaturen jeglicher Art ist das gemeinsame Charakteristikum der Einsatzbereiche für Prozeßrechner. Der "Sensor" liefert Daten in digitaler oder zunächst auch noch analoger Form. Der "Sensor" gibt die vom Rechner erzeugten Informationen an Geräte weiter, die zur Definition und zur Kontrolle des Prozeßablaufs in dem technischen Aufbau der Apparaturen benötigt werden. Der "Sensor" in Form von Unterbrechungssignalen fordert die Aktivierung vorbereiteter Programmsequenzen in den Rechenanlagen an. In Figur 2.1 wird der typische Informationsfluß in einem solchen rechnergesteuerten Prozeß dargestellt. Dabei kann der "Prozeß" irgendein Ablauf in einer Apparatur eines Labors, eines Meßgerätes oder Meßgerätekomplexes, einer großtechnischen Anlage oder auch eines Gerätes der Konsumgüterindustrie sein. Naturgemäß laufen solche Prozesse auch in peripheren Geräten von Rechenanlagen ab, die zur Datenaufzeichnung eingesetzt sind.

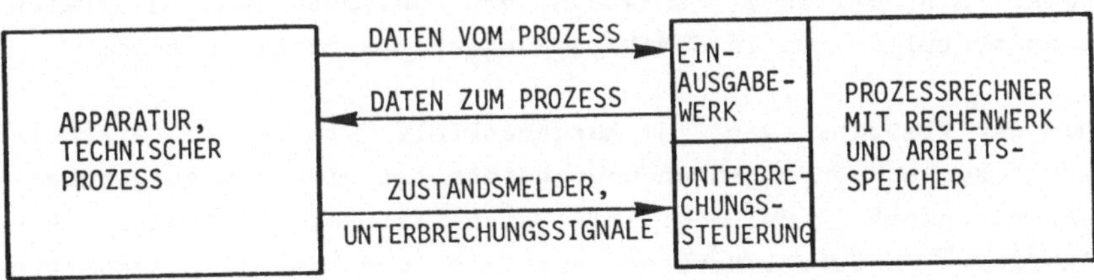

Figur 2.1: Datenfluß und Zustandsmeldung im rechnergesteuerten Prozeß.

Die von einer Rechenanlage aufzuzeichnenden, zu speichernden oder zu erzeugenden Informationen werden im allgemeinen nicht in der Form vorliegen, wie sie für die Verarbeitung im Rechner angeboten werden müssen. Deshalb sind Informationswandler

essentielle Bestandteile des Komplexes "Prozeßdatenverarbeitung". Ganz erhebliche Anstrengungen sind in der Vergangenheit unternommen worden mit dem Ziel, besonders
leistungsfähige Informationswandler zu entwickeln. Innerhalb
der heute am weitesten verbreiteten Rechenanlagen werden die
Informationen als binäre Muster verarbeitet. Außerhalb der
Rechner, direkt bei den Prozessen, müssen die Informationen
meist in Form analoger Werte vorliegen oder sie werden dort in
analoger Form angeboten. Dabei ist zusätzlich noch ein Umsetzen von elektrisch-analogen Daten in andere physikalischen
Größen, oder umgekehrt erforderlich. Dieser Zusammenhang wird
an einem typischen Beispiel in Figur 2.2 und schematisiert in
Figur 2.3 verdeutlicht.

Letztlich beruht die Datenverarbeitungstechnologie insgesamt
auf einer Verbindung solcher Umwandlungsverfahren mit der
Speichermöglichkeit von Informationen durch Ausnutzung
bestimmter physikalischer Effekte. Um seiner speziellen Aufgabenstellung gerecht werden zu können, muß dem Prozessrechner
immer ein gewisses Spektrum von analogen und digitalen
Schnittstellen zum Informationsaustausch zugänglich sein.

Mit der Vielzahl der zum Aufgabenkreis "Prozeßdatenverarbeitung" zu rechnenden Anwendungsgebiete ist eine gewisse Unüber-
sichtlichkeit verbunden, die sich als Folge getrennt ver-
laufener Entwicklungswege auch in dem jeweils benutzten
gerätespezifischen Vokabular für die Bezeichnung gleicher Begriffe niederschlägt. Gemeinsam sind jedoch all diesen
Problemkreisen charakteristische Funktionsanforderungen, wie
sie in Figur 2.4 schematisch aufgezeigt sind.

Aus den beschriebenen Strukturen lassen sich die Leistungscharakteristika der heute üblichen Rechnerarchitekturen, der
Softwarekomponenten und der Kommunikationsschnittstellen
ableiten. Eine besonders wichtige Aufgabe übernehmen dabei die

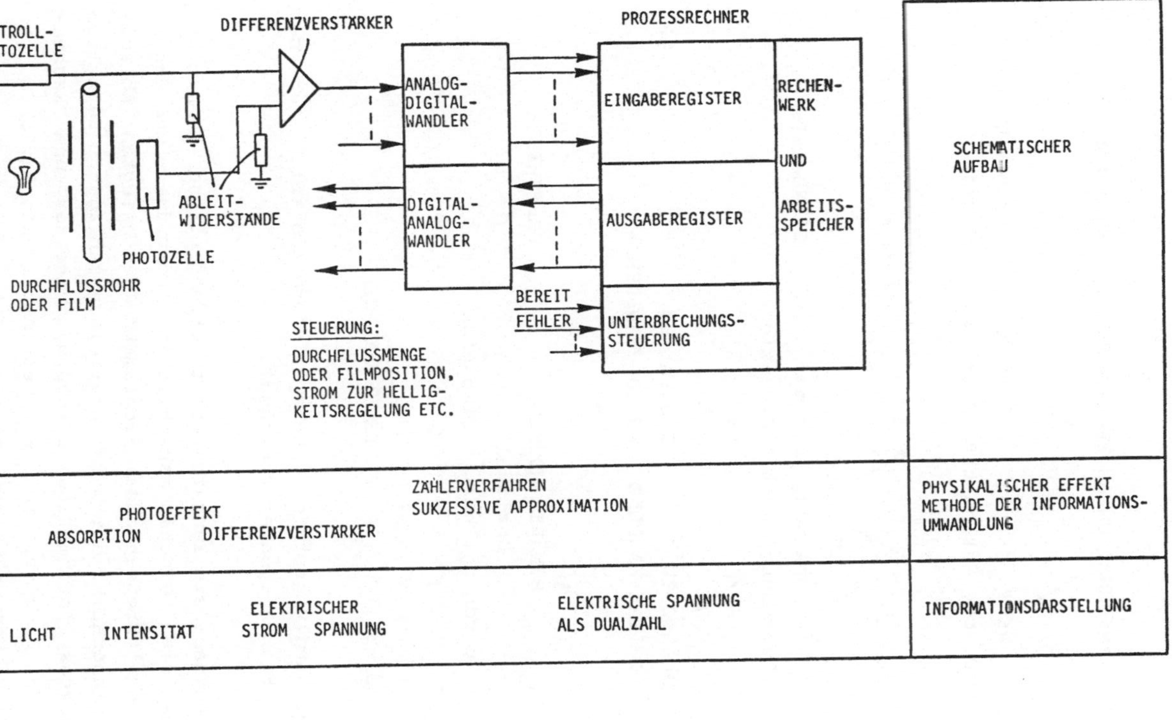

Figur 2.2: Informationsdarstellung und Informationsfluß im Rechner-gesteuerten Prozeß schematisch am Beispiel der Helligkeitsmessung bei Laboranalysegeräten oder Scannern zur Spurenerkennung.

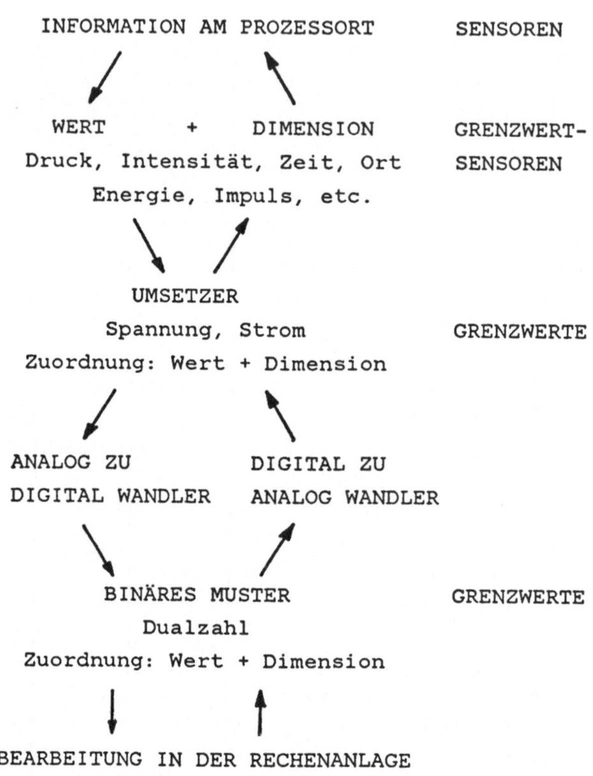

<u>Figur 2.3:</u> Wandlungsstufen beim Informationsfluß in der Prozeßdatenverarbeitung.

bei der Aufgabenstellung insgesamt erforderlichen Kommunikationsmechanismen zwischen menschlichen Individuen und den in Form von Schaltkreisen oder Programmen festgelegten Ablaufschemata innerhalb der Datenverarbeitungsanlagen. Letztlich bilden Prozess, Informationserfassung, Umsetzer und Rechenanlage eine Einheit, in der bestimmte Informationen von Komponente zu Komponente in unterschiedlicher Darstellungsform weitergegeben werden, um der globalen Aufgabenstellung gerecht zu werden.

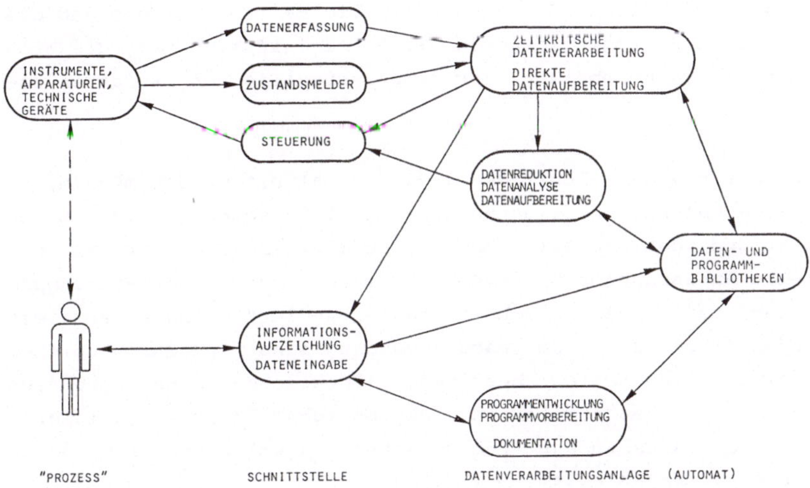

Figur 2.4: Funktionsanforderung und Informationsfluß typischer Aufgabenkreise in der Prozeßdatenverarbeitung.

2.1 Sensor-orientierte Datenverarbeitung

Der "Sensor", und damit die über den "Sensor" ausgetauschte Information, ist das bestimmende Element des jetzt diskutierten Gebietes der Prozeßdatenverarbeitung. Dieses Kapitel soll die spezielle Problemstellung beim Umgang mit dem "Sensor" verdeutlichen, nachdem einige charakterisierende Aspekte bereits im vorigen Abschnitt beschrieben worden sind. Die spezielle Aufgabenstellung hat einen weitgehenden Einfluß auf Rechnerarchitektur, Betriebssysteme und Sprachprozessoren. Die Datenpfade und Register für die Bearbeitung von Ein-/Ausgabe-Operationen und Unterbrechungssignalen nehmen in den

Blockstrukturen unterschiedlicher Prozeßrechner eine herausragende Stellung ein. Die Adressierungsmechanismen der anschließbaren Peripherie werden in den Systembeschreibungen mit großer Ausführlichkeit behandelt. Die Betriebssysteme und die speziellen Sprachprozessoren bieten Mechanismen an, die eine unmittelbare Behandlung der sensor-spezifischen Aufgaben zulassen.

Die verschiedenen Funktionen, die ausgeführt werden müssen, um eine Kommunikation zwischen einem mit Sensoren ausgestatteten Gerät und dem Digitalrechner zu ermöglichen, erfordern spezielle Anpassungsmechanismen, die meist durch die Bezeichnung "Interface" oder "Schnittstellenwandler" charakterisiert werden (Figur 2.5). Je nach Anwendung sind innerhalb solcher Schnittstellenwandler bestimmte Funktionen eines größeren Spektrums - heute meist in elektronischer Form - realisiert. Typische Aufgaben aus dem gesamten Funktionsspektrum werden hier zusammengestellt:

Umwandlung und Übertragung	Ablaufkontrolle, Übertragungslogik
Analog zu digital Wandler	Zeitgeber
Digital zu analog Wandler	Komparatoren
Zeit zu Amplitude Konverter	Trigger
Zeit zu digital Konverter	Diskriminatoren
Multiplexer, Verstärker	Elektromechanische Konverter
Leitungsempfänger	Komplexe Schaltlogik
Leitungstreiber	
Signalwandler	
Sample and Hold Verstärker	

Zur Umwandlung von elektrisch-analoger Informationsdarstellung in digitale Form und umgekehrt sind hochspezialisierte Techniken entwickelt worden, auf die hier nicht eingegangen werden soll. Die Arbeitsprinzipien von DAC und ADC sollen jedoch an Hand der Schemata in Figur 2.6 und Figur 2.7 erläutert werden.

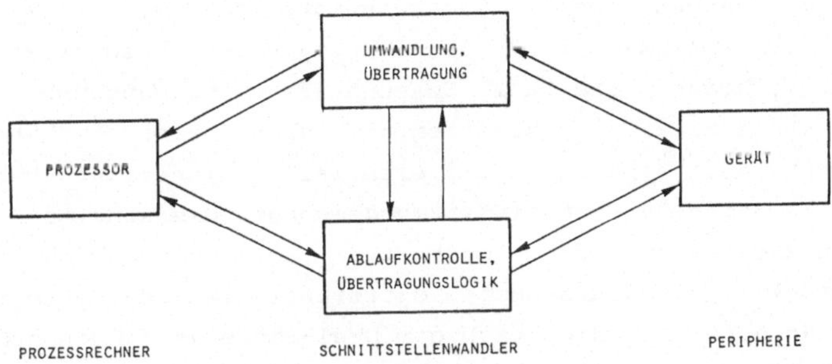

Figur 2.5: Funktionsschema von Schnittstellenwandlern.

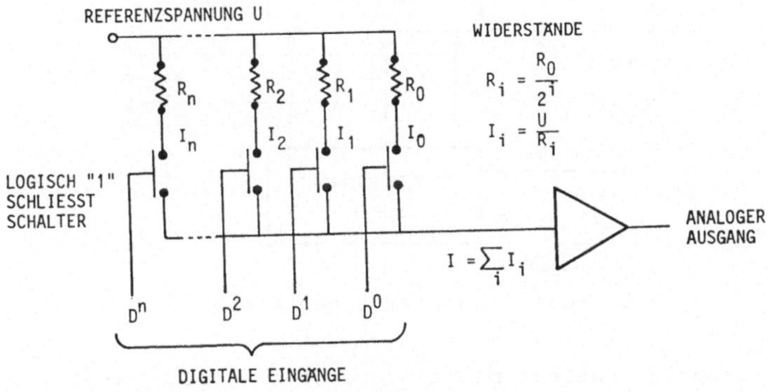

$$R_i = \frac{R_0}{2^i}$$

$$I_i = \frac{U}{R_i}$$

$$I = \sum_i I_i$$

Figur 2.6: Digital-Analog-Wandler schematisch.

In der Praxis sind die hier vorgestellten Arbeitsprinzipien für DAC und ADC je nach Anforderungen durch eine Reihe spezieller Techniken verfeinert und angepaßt. Werden an den DAC hohe Geschwindigkeitsanforderungen gestellt, dann sind Einschwingvorgänge kritisch, die durch die immer vorhandenen geringen Kapazitäten und Induktivitäten der Leitungsführung entstehen; die Genauigkeit der Widerstandskette bestimmt dagegen die Präzision der Konversion. Bei der analog zu digital Konversion werden hohe Geschwindigkeiten mit dem als "sukzessive Approximation" bezeichneten Verfahren erreicht, während Methoden, die auf Spannung-Frequenz-Wandlung oder Spannung-Zeit-Wandlung basieren, neben einer höheren Linearität auch eine gute differentielle Linearität haben. (Die differentielle Linearität kennzeichnet die Konstanz der Verhältnisse einzelner Abschnitte vor und nach der Konversion). Besonders gute differentielle und integrale Linearität erreichen die nach dem Dual-Slope-Verfahren arbeitenden ADC's (Bul, Ma2).

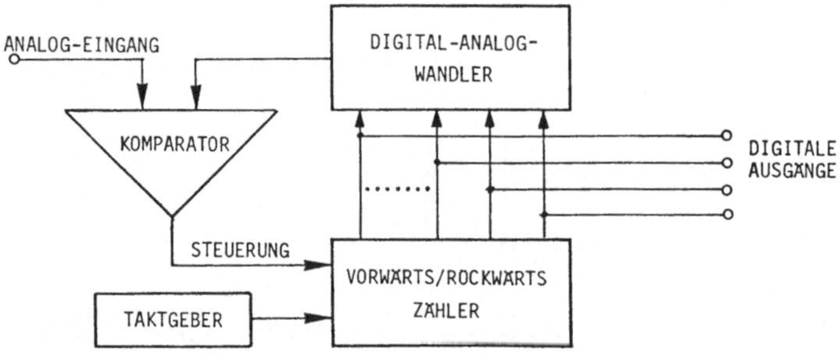

Figur 2.7: Analog-Digital-Wandler schematisch.

In der sensor-orientierten Datenverarbeitung sind digital vorliegende Daten häufig in mechanische Bewegung und Positionen umzusetzen. Der Einsatz von Schrittmotoren (Figur 2.8) macht in Verbindung mit geeigneten Getrieben präzise Bewegungsvorgänge durch Positionseinstellungen möglich; ein weites Spektrum von Varianten solcher magnetomechanischer Weggeber ist im Gebrauch.

Zur Erfassung mechanischer Positionen wird die Weginformation über ein Getriebe auf ein Potentiometer übertragen, dessen Einstellung einen Spannungswert an einen Analog-zu-Digital-konverter (ADC) liefert. Nach Umsetzen der elektrisch-analogen Werte erhält der Computer die gewünschte Information über das Interface (Figur 2.9). Bei höheren Genauigkeitsansprüchen erweist sich das Potentiometerverfahren jedoch als äußerst unzureichend. Strichgitterzähler (Figur 2.10) liefern erheblich höhere Präzision. Bei kleinen Wegstrecken und hohen Genauigkeitsanforderungen sind auch Piezo-Kristallanordnungen gebräuchlich.

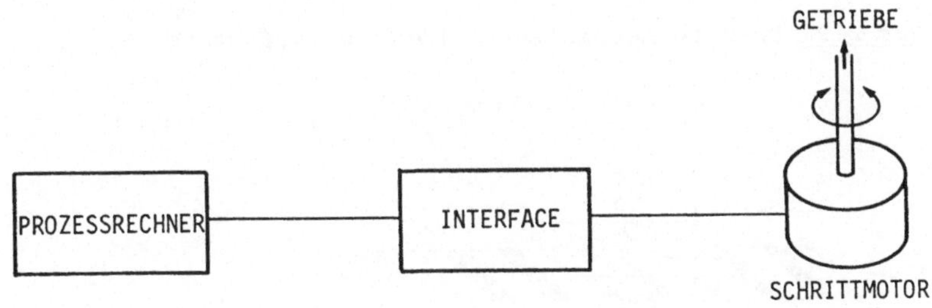

<u>Figur 2.8:</u> Mechanische Positionseinstellung mit Hilfe von Schrittmotoren.

In der sensor-orientierten Datenverarbeitung übernehmen die hier schematisch vorgestellten Mechanismen die Aufgabe der Informationsumsetzung von der realen Welt in die Zahlenwelt des Computers und umgekehrt. Bei einer jeden solchen Umsetzung nehmen naturgemäß die Eichwerte, also die Zuordnung bestimmter natürlicher Zustände zu Zahlenwerten im Computer, eine hervorragende Stellung ein. Von der Reproduzierbarkeit dieser Zuordnungen hängt die Funktionsfähigkeit eines computergesteuerten Systems in wesentlicher Weise ab.

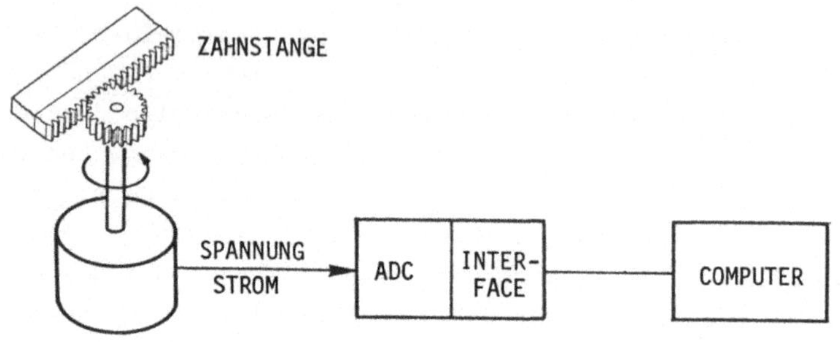

Figur 2.9: Prinzip mechanischer Positionserfassung.

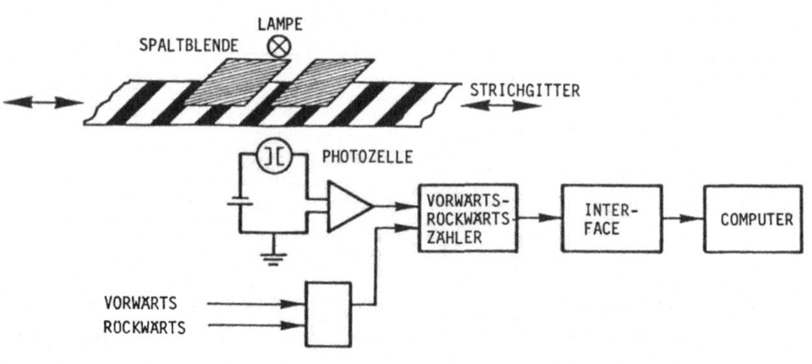

Figur 2.10: Mechanische Positionsveränderung über Strichgitter.

2.2 Realzeitsysteme

Zeitkritische Anwendungen stellen besondere Anforderungen an das Reaktionsverhalten von Computersystemen. In solchen Fällen müssen bestimmte Arbeitsabläufe in den Rechenanlagen aufgrund äußerer Bedingungen innerhalb bestimmter Fristen erledigt werden. Beispielsweise müssen am Bankschalter die Buchungsvorgänge nach wenigen Sekunden erledigt sein, um während des Tagesspitzenbetriebes einen genügend schnellen Service bieten zu können. Das Buchungssystem von Luftverkehrsgesellschaften muß kurze Operationszeiten garantieren, um alle Passagiere jeweils kurz vor der Abflugszeit abfertigen zu können. Das Steuersystem einer Rakete muß die neuen Einstelldaten für die Steuereinrichtungen unverzüglich verfügbar haben, auch wenn die Flugbahn aufgrund äußerer Einflüsse, beispielsweise Wind, oder durch veränderte Leistung einzelner Brennelemente, nur geringfügig verändert wurde. Oder genereller: die Regelungszeit des Steuersystems einschließlich Prozeßrechner muß klein gegenüber den typischen Änderungszeiten des Systemzustandes sein.

Hier noch einige Beispiele: Bei der Suche nach extrem seltenen Ereignissen werden an Hochenergiebeschleunigern äußerst umfangreiche und komplexe Apparaturen betrieben; beim Auftreten bestimmter Zustände müssen große Datenmengen innerhalb weniger Mikro- oder Millisekunden erfaßt und analysiert werden, um die Apparatur vor Eintreffen des nächsten Strahlimpulses wieder in volle Bereitschaft zu versetzen. Bei der Fertigung elektronischer Bauteile muß mit Hilfe einer Testprozedur vor dem nächsten Fertigungsprozeß entschieden werden, für welchen der verschiedenen nachfolgend möglichen Herstellungsprozesse die gemessenen Leistungsdaten noch ausreichend sind; nur so sind günstige ökonomische Bedingungen und hohe technische Zuverlässigkeit erreichbar. In der Fertigungssteuerung ist die Nachlieferung bestimmter Fertigungsteile frühzeitig aufgrund vorliegender Fertigungsdaten und des Lagerbestandes zu initiieren, wenn der Produktionsprozeß ungestört fortlaufen soll.

All diese als typisch dargestellten Anwendungen verlangen, daß bestimmte Aufgabenstellungen nach Auftragsaufruf innerhalb einer vorgegebenen Frist abgearbeitet sind. Sie werden deshalb als Realzeit- oder zeitkritische Anwendungen bezeichnet.

Neben den genannten Aufgabenkreisen sollte man heute auch den Dialogbetrieb für interaktives Arbeiten am Computer mit zu dieser Aufgabenklasse zählen. Ob am Terminal einer Versicherungsgesellschaft oder bei der Programmentwicklung in einem Rechenzentrum, der Benutzer erwartet vom Computersystem innerhalb von Sekunden eine Reaktion; je nach dem Verhältnis von Computerleistung und Kapazitätsanforderung kann dieses Reaktionsverhalten jedoch nicht immer realisiert werden. Die für die Architekturüberlegungen von Hardware und Software entscheidenden Kriterien sind jedoch mit denen der zeitkritischen Datenverarbeitung verwandt.

Im typischen Realzeitsystem fordert der Prozeß über ein Signal, mit dem er eine bestimmte Ereignissituation an den Rechner mitteilt, einen vorher fest zugeordneten Arbeitsablauf im Computer an (Fig. 2.11). Das Computersystem wird aufgrund dieses Ereignisses die vom Prozeß bereitgestellten Daten aufnehmen, sie unverzüglich bearbeiten und, wenn dies vorgesehen ist, daraus resultierende oder andere Daten (z.B. neue Einstellwerte) an den Prozeß übermitteln.

Wenn der Datenverarbeitungsanlage mehrere Aufgaben unterschiedlicher Priorität zugeordnet sind, wird beim Auftreten eines Unterbrechungssignals höherer Priorität eine gerade bearbeitete Aufgabe unterbrochen und in geeigneter Weise konserviert, sofern dies durch eine vorherige Zuordnung der Vorrangstufen festgelegt ist. Diese Aufgabe wird wieder aktiviert und weiterbearbeitet, sobald die Aufgabe höherer Priorität abgeschlossen wurde oder auf die Erledigung anderer Arbeiten, beispielsweise der Ein- oder Ausgabe von Daten zu peripheren Geräten, wartet.

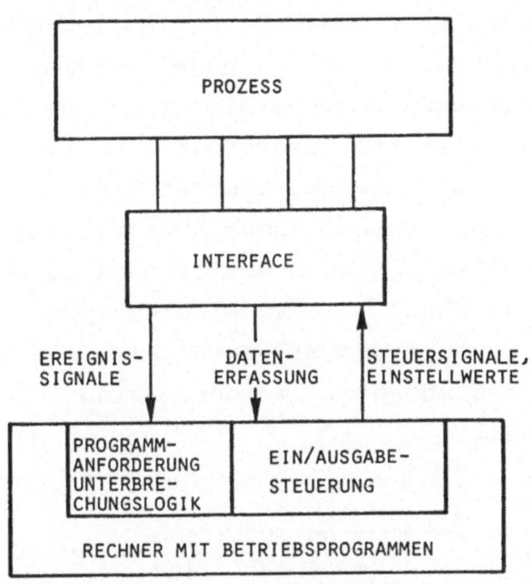

Figur 2.11: Realzeitsystem schematisch.

Generell erfordern Realzeitsysteme eine besonders sorgfältige Analyse sowohl des Gesamtprozesses als auch der Architektur von Rechner-Hardware und Betriebssystem, wenn im Falle besonders zeitkritischer Situationen Überlastungszustände und daraus resultierende Systemverklemmungen vermieden werden sollen. Überdies muß bei der Implementierung von Realzeitsystemen häufig auf den Komfort von Sprachprozessoren und fortschrittlichen Betriebssystemen verzichtet werden, um sowohl die in Form von zeitlichen Randbedingungen fixierten Zielvorstellungen erreichen zu können, als auch ökonomischen Gesichtspunkten, wie der Forderung nach niedrigen Hardware-kosten, gerecht zu werden.

2.3 Fertigungssteuerung

Komplexe Anforderungen jeglicher Art werden bei der Fertigungssteuerung an die Datenverarbeitung gestellt; nicht prozeßorientierte Teilaufgaben werden im Stapel- und Dialog-Betrieb mit häufig sehr hohen Lastcharakteristiken gelöst, während in der eigentlichen Produktion und bei der Materialkontrolle erhebliche Anforderungen an die sensor-orientierte und zeitkritische Datenverarbeitung gestellt werden. Die Entwicklung integrierter Systeme zur Fertigungssteuerung erfordert deshalb einen konzentrierten Einsatz von qualifiziertem Personal, das sowohl über Vorstellungen des Fertigungsprozesses selbst als auch über fundierte Kenntnisse der Datenverarbeitung verfügt. Die Funktionskomponenten typischer Informations- und Entscheidungssysteme, wie sie heute in der Fertigungssteuerung eingesetzt werden, sind schematisch in Figur 2.12 dargestellt.

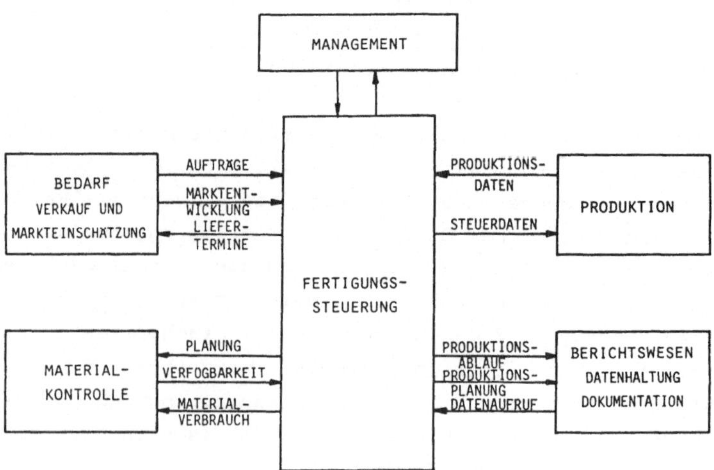

Figur 2.12: Fertigungssteuerung schematisch.

Mit einem solchen integrierten Gesamtsystem sollen unabhängig
von dem Wirtschaftszweig, in dem sie eingesetzt werden sollen,
folgende charakteristische Ziele erreicht werden:

- Erreichen und Überwachen des Qualitätsstandards;
- günstige und gleichmäßige Ausnutzung aller
  Produktionseinheiten;
- Transparenz des Produktionsprozesses;
- Auskunftsbereitschaft über Gesamtdaten und über
  Teilaspekte;
- flexible Auftragseinplanung;
- Verfolgung der Produktionseinheiten und tat-
  sächliche Kostenberechnung bzw. Kostenvergleiche;
- Vereinheitlichung des Produktionsprozesses;
- klare und detaillierte Produktionsaufträge;
- schneller und einfacher Informationsaustausch.

Im Grunde genommen existieren Systeme zur Fertigungssteuerung
seit Beginn der industriellen Evolution in der zweiten Hälfte
des vergangenen Jahrhunderts. Es handelte es sich damals um
manuell geführte Karteien oder tagebuchartige Unterlagen.
Später entwickelten sich dann lochkartengeführte Systeme, die
bereits bestimmte Suchprozeduren und Vergleichsmöglichkeiten
anboten. Mit zunehmend schwierigerem Produktionsprozeß sowie
steigenden Qualitäts- und Präzisionsanforderungen auch im Detail sind die zu bearbeitenden Informationsmengen und die Anforderungen an die Datenkommunikation jedoch in einem Maße gewachsen, die den Einsatz von leistungsfähigen Datenverarbeitungsanlagen in allen Teilbereichen zwingend notwendig
machen, wenn die Vorstellungen von Ökonomie und Zuverlässigkeit erfüllt sein sollen.

Der schnelle Datenaustausch und die frühzeitige Verfügbarkeit
von Informationen, die sich aus mehrstufigen Verknüpfungen ergeben, sind Voraussetzung für eine rechtzeitige Reaktion auf

Veränderungen, sei es am Marktgeschehen oder im Produktionsprozeß selbst. Sinkt die Qualität bestimmter Teile auch nur um
Bruchteile, so wird sich dies bei komplexen Fertigungspro-
zessen im Endprodukt maßgeblich in einem höheren Ausschuß be-
merkbar machen; unmittelbare Reaktionen an der Quelle selbst
oder schnelles Auffinden nach Feststellung der Fehler im Endprodukt sind essentiell für eine wettbewerbsfähige Industrie.

2.4 Laborautomatisierung

Laborinstrumente werden seit einer Reihe von Jahren immer
stärker von ihrer Verbindung zu Computersystemen geprägt. Dies
zeigen sowohl die zahlreichen Publikationen über computerge-
steuerte Experimente als auch jede Ausstellung über Instrumen-
tierung. Einerseits muß der Experimentator oder Laborfachmann
deshalb mit den Arbeitsmethoden der Computerwelt vertraut
sein, andererseits wird der Computerfachmann zunehmend mit den
speziellen Erfordernissen eines Labors konfrontiert.

In einem Gebiet mit solch weitgestreuten Anwendungen verbindet
die Bezeichnung "Laborautomatisierung" naturgemäß unterschiedliche Vorstellungen, je nach Erfahrung des betroffenen An-
wenderkreises. Unter Laborautomatisierung soll hier nicht nur
die Datenerfassung und die Steuerung einer Apparatur im
eigentlichen Sinne verstanden sein, sondern es sollen alle
Schritte der Datenaufbereitung und der Analyse ebenso mit einbezogen sein, wie die Graphik, die Dokumentation und die
graphische Aufzeichnung von Daten.

In einem Untersuchungslaboratorium hat man es in der Regel mit
bis zu einigen zehn verschiedenen Anwendungen zu tun. Im
Falle größerer Forschungszentren liegt die Zahl von einzelnen
Aufgaben aus diesem Bereich häufig wesentlich höher. So
werden beispielsweise in einem chemischen Untersuchungs-

laboratorium mehrere getrennt arbeitende Analyseinstrumente unabhängig zu einer Gesamtanalyse beitragen. In ihrer Funktionsweise können sie jedoch getrennt einem oder mehreren Prozeßrechnern zugeordnet sein. Es wird deshalb jeweils sorgfältig analysiert werden müssen, in welcher Weise einzelne Mini- oder Mikrocomputer eingesetzt werden, und wie sie zu einem Gesamtsystem verbunden werden können. Bei komplexen Untersuchungsverfahren ist die richtige Zusammenstellung aller Teiluntersuchungen ebenso wichtig wie die Präzision der Einzeluntersuchung selbst. In jedem Falle müssen die organisatorischen und ökonomischen Problemstellungen im Falle umfangreicher Anwendungen beherrscht werden, wenn günstige Einsatzbedingungen für das verwendete Gerät erreicht werden sollen.

Die Verbindung von Instrumenten mit Computer-Elementen wurde während der zurückliegenden Jahre hauptsächlich durch eine Ankopplung von früher entwickelten Meßgeräten an Kleinrechner verwirklicht. Heute beobachten wir eine wachsende Integration von Prozessoren in die Meßgeräte, wodurch bereits im Gerät selbst eine Datenreduktion und gewisse Überwachungsfunktionen möglich sind. Für den Wissenschaftler ist dies von großem Wert; das hochqualifizierte Instrument liefert ihm bereits fertig präparierte Daten, ohne ihn zu einem Umlernen zu zwingen oder gar ein tiefer gehendes Verständnis des eingesetzten Datenverarbeitungsgerätes zu verlangen. Normalerweise müssen aber auch die Ausgabedaten solcher Meßgeräte weiter präpariert oder zusammen mit den Daten anderer Apparaturen analysiert werden, bevor die wissenschaftliche Fragestellung beantwortet werden kann.

Rechnergeführte Laborgeräte bringen eine Reihe von Vorteilen, insbesondere dann, wenn der gesamte Zyklus der Datenbehandlung berücksichtigt wird. In diesem Zusammenhang wird die Zunahme der Produktivität am häufigsten genannt. Bei Einsatz einer Datenverarbeitungsanlage steigt die bearbeitete Datenmenge leicht auf das Vielfache an, und die Zahl der durchgeführten Laboruntersuchungen kann um Größenordnungen wachsen. Neben einer Entlastung von Routinearbeiten und Protokollführung, einer höheren Geschwindigkeit und Zuverlässigkeit, selbsttätigen Eichprozeduren, automatischer Datenverwaltung und Dokumentation, sowie grafischer Darstellung, ist jedoch besonders die Inspiration des Wissenschaftlers durch die komplexe Analysetechnik von besonderem Wert. Oft entstehen Gedanken über den gesuchten Zusammenhang oder über verbesserte Verfahrensweisen nur dadurch, daß gemessene Daten in einfacher Weise schnell, unter Zugrundelegung unterschiedlicher Modelle, analysiert und betrachtet werden können. Dabei kommt einem hohem Grad an Flexibilität besondere Bedeutung zu. Zusammenfassend sollen einige der wichtigsten Merkmale beim Einsatz von Prozeßrechnern im Labor aufgezählt werden:

- Entlastung von Routinearbeiten;
- hohe Arbeitsgeschwindigkeit;
- Zuverlässigkeit, Präzision;
- hohe Produktivität;
- automatisch ablaufende Eichprozeduren;
- übersichtliche Datenverwaltung;
- schnelle Datenreduktion und Datenanalyse;
- Sichtgeräte für die einfache und schnelle,
  graphisch orientierte Kommunikation zwischen
  Laborfachmann und Rechner.

Für den Arbeitsprozeß im Labor lassen sich unabhängig vom speziellen Anwendungsgebiet charakteristische Strukturen finden (Figur 2.13). Dabei sind die Arbeiten, die sich unmittelbar mit der Steuerung der Geräte oder der Datenerfassung beschäftigen, häufig zeitkritischer Natur, während die weiteren Methoden der Datenaufbereitung im allgemeinen mehr die typischen Merkmale von dialog- oder stapelorientierten Aufgaben tragen. Häufig werden deshalb mehrere Rechner,

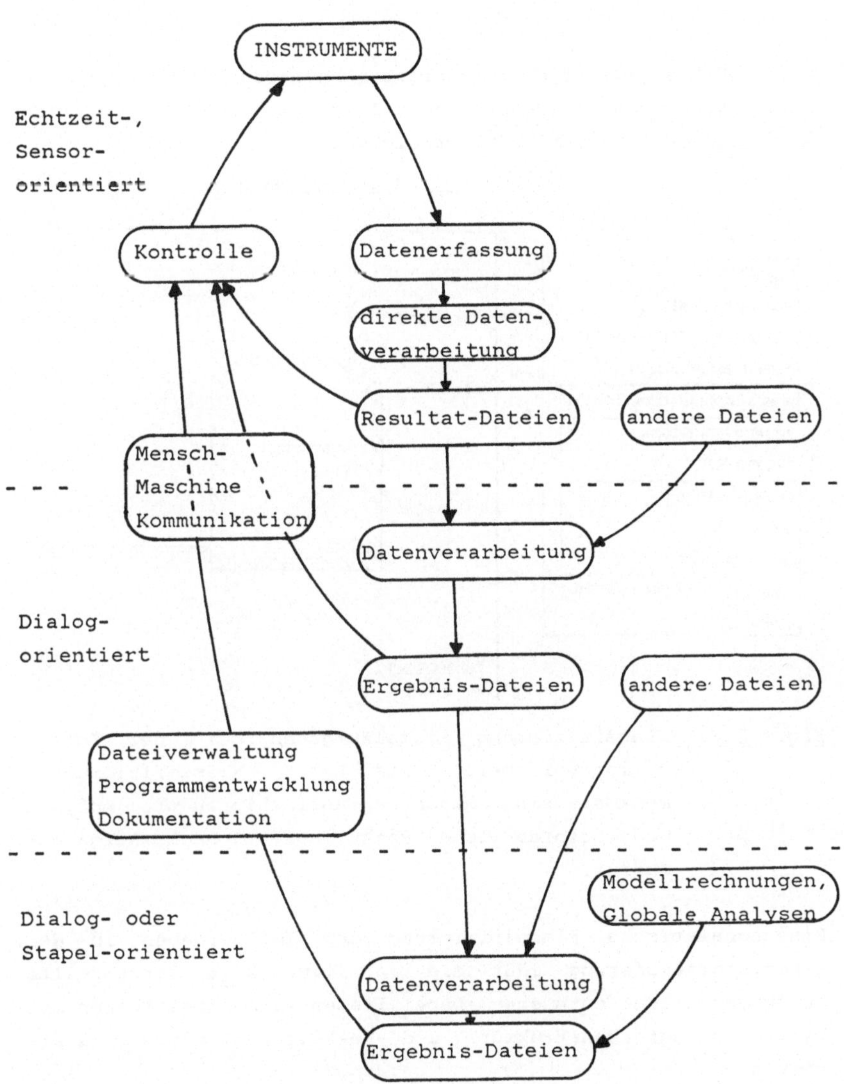

Figur 2.13: Charakteristische Strukturen bei der Informationsverarbeitung in der Laborautomatisierung

die auf die jeweiligen Teilaufgaben zugeschnitten sind, in einem Computernetz zusammengeschaltet, um besonders günstige Leistungscharakteristika zu erreichen.

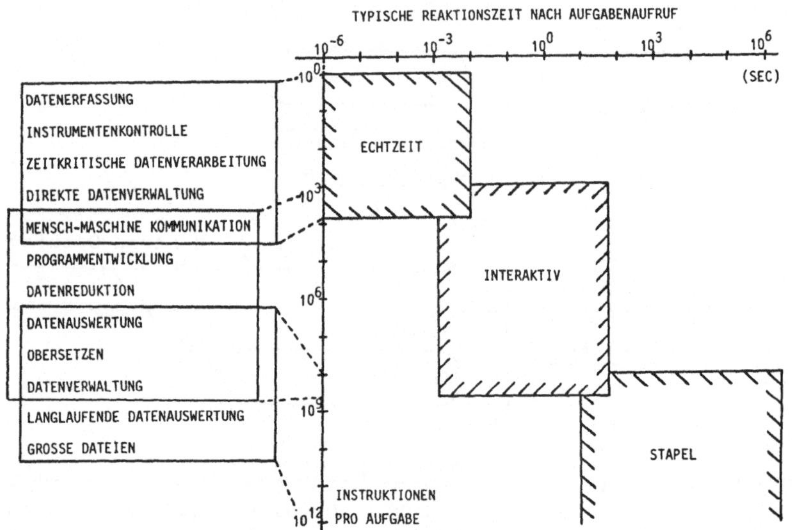

Figur 2.14: Klassifizierung Einzelaufgaben bei der Informationsverarbeitung im Labor; Klassifizierungsmerkmale sind Maschineninstruktionen pro Aufgabe und erforderliche Reaktionszeit nach Aufgabenaufruf.

Eine schematische Klassifizierung der Teilaufgaben in der Laborautomatisierung läßt die in Figur 2.14 dargestellte Zusammenstellung entstehen. Dabei lassen sich drei Ebenen mit typischer Aufgabenstruktur und Reaktionsanforderung definieren:

1. die Echtzeit- und Sensor-orientierte Ebene zur Erfüllung der unmittelbaren,

apparate-spezifischen Prozeßrechnerfunktionen;

2. die Dialog-orientierte Ebene für die auf eine
   Kommunikation mit dem Experimentator oder Laborfachmann angewiesenen Arbeitsprozesse;

3. die Ebene der globalen Analyseverfahren, aus
   denen letztlich die gesuchten Ergebnisse hervorgehen sollen.

Je nach Komplexität der Aufgabenstellung lassen sich diese
Aufgabengruppen auf Rechnernetze mit Teilrechnern unterschiedlicher Nutzungscharakteristika verteilen oder in Rechnern mit
breitem Anwendungsspektrum unterbringen. In jedem Anwendungsfalle müssen die Vor- und Nachteile der Alternativlösungen
gegenübergestellt werden. Als wesentliche Forderung an Daten-
verarbeitungssysteme bleibt jedoch die Verfügbarkeit eines
breiten Spektrums von Funktionskomponenten.

3 Charakteristika von Rechnerarchitekturen für sensor-orientierte und zeitkritische Anwendungen

Die Entwicklung von Prozeßrechnern ist von verschiedenen Anwendungsgebieten getragen und beeinflußt worden. Wenn bestimmte Eigenschaften bei der Entstehung eines Gerätes mit besonderem Gewicht versehen sind, entstehen Varianten, die sich merklich von den Entwicklungsergebnissen mit anderer Zielsetzung unterscheiden. So findet man bei typischen Prozeßrechnern in der Regel alle Architekturkomponenten von allgemeinen Computersystemen; es haben sich in den speziellen Anwendungsbereichen jedoch Techniken gebildet, die zu einer leicht feststellbaren Abgrenzung von den für allgemeinere Anwendungen geeigneten Computersystemen führen. Damit sind die universellen Einsatzgebiete von Rechenanlagen für Prozeßrechner keineswegs verschlossen. Gerade in der jüngeren Vergangenheit hat sich gezeigt, daß Rechenanlagen mit ausgeprägt sensor-orientierten Komponenten und entsprechender Betriebssoftware für zeitkritische Anwendungen besondere Leistungsfähigkeit entwickeln, wenn sie für allgemeine Anwendungen wie Steuerung von Terminalsystemen, Kommunikationsanwendungen und Datenbankaufgaben eingesetzt werden.

3.1 Zielsetzung

Die speziellen Anwendungskriterien von Prozeßrechnern machen es erforderlich, besondere Überlegungen in die Konzeption von Hardware und Betriebssoftware einfließen zu lassen. Dabei müssen eine Reihe von Komponenten, die für die spätere Leistungsfähigkeit ausschlaggebend sind, besondere Berücksichtigung finden und gegenüber allgemeinen Architekturüberlegungen von Rechenanlagen abgewogen werden. Dazu gehören:

- Auswahl und Einschränkung des Instruktionssatzes,

- Reaktionsverhalten auf Unterbrechungssignale (Umschalt-
  geschwindigkeit),
- Festlegung der Ein-/Ausgabeschnittstellen,
- Auswahl der Sicherheitskriterien wie Programmschutz und
  Zugriffsmechanismen,
- Definition der Größe des Arbeitsspeichers,
- Adressraum einer Anwendung.

Bereits in der frühen Phase der Festlegung einer Rechen-
architektur müssen Überlegungen über den zu definierenden
Prozessoraufbau und die später zu entwickelnde Betriebs- und
Anwendungssoftware sorgfältig analysiert und berücksichtigt
werden. Von hervorragender Bedeutung sind naturgemäß auch die
Kostenüberlegungen zu den einzelnen Hard- und Software-
komponenten. Allerdings sind die Anteile für die eigentliche
Hardware heute zunehmend von geringerer Wichtigkeit, da mit
der Miniaturisierung der Schaltkreise die Aufwendungen für
Programmentwicklung mehr und mehr dominieren. Bei neueren
Rechnerarchitekturen treten deshalb aufgrund ökonomischer
Überlegungen die spürbaren Funktionseinschränkungen der
Prozeßrechner in den Hintergrund. Als äußeres Anzeichen
dieser Entwicklung sei hier der Trend zu der
32-Bit-Architektur bei den Minicomputern und äquivalent zum
Mikroprozessor mit einer Wortlänge von 16 Bit genannt.

An Rechenanlagen für sensor-orientierte und zeitkritische Anwendungen werden bestimmte, charakteristische Funktionsmerkmale gestellt:

- schnelles Reaktionsvermögen auf Unterbrechungssignale
  im Zusammenspiel von Hardware und Betriebssoftware,
- flexible Ein-/Ausgabe Instruktionen,
- schneller Datenverkehr mit angeschlossenen Geräten,
- flexibler Adressierungsmechanismus für periphere Geräte,
- geringe Baugröße.

Gleichartige Funktionsanforderungen werden im Prinzip auch an generelle Computersysteme gestellt. Die Besonderheit der Prozeßrechner liegt jedoch darin, daß die genannten Mechanismen unter der direkten Programmkontrolle des Anwenders liegen müssen. Deshalb sind neben den bereits genannten ökonomischen Merkmalen die Forderung nach einem einfachen und klaren Aufbau des Instruktionsvorrates, sowie nach Übersichtlichkeit des Prozessoraufbaues insgesamt besonders zu gewichten.

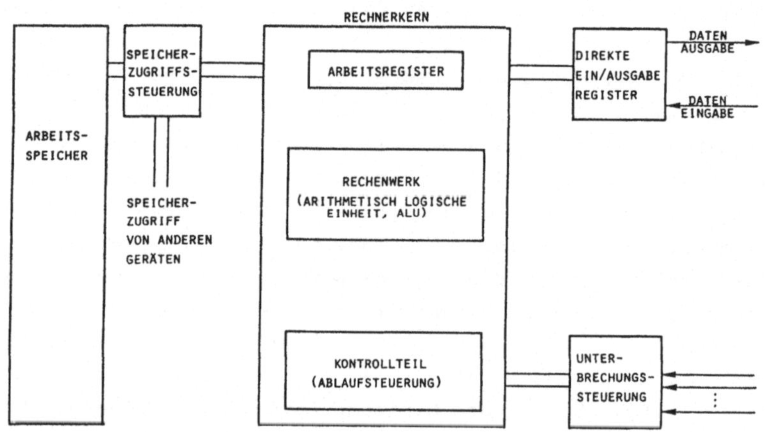

Figur 3.1: Schematischer Aufbau eines Prozeßrechners mit Arbeitsspeicher, Speicherzugriff, Rechnerkern, direkter Ein-/Ausgabe und Unterbrechungseinrichtung.

Ebenfalls durch die anwendungs-spezifischen Funktionscharakteristiken eines Prozeßrechners sind vier wesentliche Komponenten bestimmt, die jeweils über Datenpfade miteinander kommunizieren. Mit diesen Komponenten ist eine grundlegende Struktur festgelegt (Figur 3.1):

1. Der eigentliche Rechnerkern oder Prozessor mit dem

Rechenwerk, in dem die arithmetischen und logischen Verknüpfungen von Daten in den Arbeitsregistern durchgeführt werden, und dem Kontrollteil zur Ablaufsteuerung;

2. der Arbeitsspeicher mit der Speicherzugriffssteuerung,
   in dem Programme und Daten zur Bearbeitung durch den
   Rechnerkern bereitgehalten werden;

3. die Ein-/Ausgaberegister, über die Daten unter unmittelbarer Kontrolle von Programmen mit angeschlossenen
   Geräten ausgetauscht werden können;

4. die Unterbrechungssteuerung, die externe Informationen
   bei gewissen ausgewählten Zuständen angeschlossener
   Geräte an den Kontrollteil des Rechnerkerns heranträgt,
   wobei aufgrund festgelegter Umschaltmechanismen die in
   bestimmten Arbeitsregistern festgehaltenen Daten ausgetauscht oder verändert werden.

Durch die Zielsetzungen im Bereiche der Anwendungen sind bei
der Festlegung einer Rechnerarchitektur eine Reihe von Entscheidungen zu treffen, die in unterschiedlichen Implementierungsformen resultieren. Neben anderem sollen im folgenden
einige Größen beispielhaft aufgezählt werden, die für den Aufbau eines Rechners charakterisierend sind:

- Größe des Adressraums im Arbeitsspeicher ingesamt,
- Adressraum einzelner Programme,
- Adressierungsmechanismus des Arbeitsspeichers (sollen
  ein Register allein oder die Verbindung mehrerer
  Arbeitsregister eine Arbeitsspeicheradresse bestimmen?),
- Anzahl der direkt zu adressierenden Ein-/Ausgabe-
  positionen,
- Anzahl der Unterbrechungsebenen,
- Arbeitsweise des Rechenwerkes,
- Zahlendarstellung (z.B. Festpunkt oder Gleitpunkt),
- Instruktionsrepertoire und Instruktionszahl des

Rechnerkerns,
- Instruktionsformat.

Zusätzlich müssen Entscheidungen über die Auslegung der rechner-internen und -externen Kommunikationswege getroffen werden. Zu beantworten sind die Fragestellungen:

- Werden serielle oder parallele Datenpfade eingesetzt?
- Wie groß ist die Zugriffsbreite im Falle paralleler Übertragung (Bus-Struktur)?

Dabei sind sowohl ökonomische als auch leistungs-spezifische Aspekte zu prüfen und abzuwägen. Ziel einer Rechnerimplementierung muß es deshalb sein, aus dem breiten Spektrum von Möglichkeiten, unter Berücksichtigung sowohl ökonomischer Gesichtspunkte als auch der vorgesehenen Einsatzcharakteristika, eine Norm zu finden, die eine günstige Realisierung darstellt.

3.2 Grundkonzepte zum Aufbau von Prozeßrechnern

Die Komponenten eines Rechners kommunizieren über Datenpfade, zu denen jeweils mindestens zwei Teilnehmer Zugriff haben. Die Organisation und die Zugriffskontrolle zu diesen Datenpfaden sind bestimmend für die Rechnerstruktur. Solche Datenwege, auf die von mehreren Teilnehmern zugegriffen werden kann, bezeichnet man als "Bus".

Die verschiedenen Prozeßrechnerimplementierungen können bezüglich der Struktur ihrer Datenpfade in drei Gruppen eingeordnet werden. Man unterscheidet:

1. Rechner mit einem gemeinsamen Datenpfad (Single Bus Computer oder Monobus Computer),

2. Rechner mit getrennten Datenpfaden für den Zugriff auf
   den Hauptspeicher und zur Peripherie,
3. Rechner mit mehreren Datenpfaden (Multiple Bus
   Computer).

Es ist evident, daß Rechner mit einem oder nur wenigen Datenpfaden organisatorisch einfacher zu übersehen sind und
ökonomisch günstigere Implementierungsformen hervorbringen.
Andererseits sind mit dieser Vereinfachung auch Nachteile bei
der Verwendung für komplexere Anwendungen verbunden, insbesondere dann, wenn viele asynchron laufende Teilaufgaben von
einem einzigen Prozessor bedient oder koordiniert werden.

Die typischen Merkmale der drei genannten Strukturen werden im
Folgenden beschriebenen. Dabei wird streng schematisiert. In
der Praxis sind jedoch auch Übergangsformen zwischen den
einzelnen hier typisierten Rechnerklassen zu finden.

3.2.1 <u>Rechner mit einem gemeinsamen Datenpfad</u>

Ein einzelner Datenpfad (Bus) zum Austausch von Daten zwischen
den Komponenten eines Rechners führt zur einfachsten Implementierung. Eine solche Struktur wird in Figur 3.2 gezeigt. Im
Datenpfad selbst unterscheidet man drei Leitungsgruppen:

- Datenleitungen,
- Adressleitungen,
- Kontrolleitungen.

Je nach vorgesehenen Leistungsmerkmalen und der beabsichtigten
Implementierung, sind die Adressleitungen meist jeweils acht
oder sechzehn (manchmal auch mehr) Bit breit. Die Kontrolleitungen dienen einer Synchronisierung des Datenverkehrs auf
dem "Bus". Typische Funktionen der Kontrolleitungen sind:

- Bus frei,

- Bus belegt,

- Bus Anforderung,

- Daten bereit,

- Daten empfangen,

- Unterbrechungsanforderung,

- Unterbrechung erledigt,

- Fehlerbedingung,

- Initialisierung.

Üblicherweise sind die Leitungen einer solchen Ein-Bus-Struktur bidirektional. Mittels entsprechender elektronischer Schaltungen (Transmitter/Receiver) können an jeder Stelle sowohl Daten gesendet als auch empfangen werden. Die Kontrollleitungen sorgen für eine selektive Aktivierung der einzelnen elektronischen Komponenten.

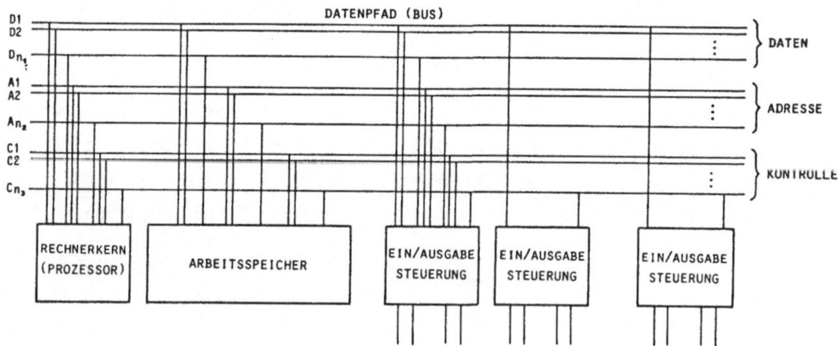

Figur 3.2: Rechnerorganisation mit einem gemeinsamen Datenpfad.

Neben den bereits genannten ökonomischen Vorzügen der Ein-Bus-Rechnerarchitektur ist die direkte Verbindung zwischen allen Teilkomponenten eines Rechners und seiner Peripherie ein wesentlicher Vorteil für den Anwender. Bei der Verwendung solcher Rechner muß jedoch eine sorgfältige Analyse der Anforderungen bezüglich der Leistungsgrenzen dieser Rechnerstruktur durchgeführt werden. Es ist evident, daß eine starke Belastung des gemeinsamen Datenpfades beispielsweise durch periphere Geräte zu einer erheblichen Durchsatzeinbuße führen kann. Belegt ein relativ langsames peripheres Gerät den Datenpfad häufig für längere Zeitabschnitte, so kann der Informationsfluß zwischen Rechnerkern und Arbeitsspeicher behindert sein. Andererseits muß die Schaltelektronik in den Ein-/Ausgabe-Steuerungen den Geschwindigkeitsanforderungen für die Übertragung zwischen Arbeitsspeicher und Prozessor genügen, wenn keine Leistungseinbußen hingenommen werden sollen. Bei komplexeren Systemen können deshalb die ursprünglich vorhandenen ökonomischen Vorteile der Ein-Bus-Rechner durch hohe Aufwendungen bei den Steuerteilen für die Peripherie aufgehoben werden. Für jeden Anwendungsfall sind die Leistungsmerkmale eines Ein-Bus-Rechners bezüglich einer Reihe von Kriterien zu prüfen. Insbesondere sind dabei zu untersuchen:

- Datenrate zwischen Arbeitsspeicher und Rechnerkern bei allen angeschlossenen peripheren Geräten;
- Datenrate zwischen Arbeitsspeicher und Peripherie bei allen angeschlossenen Geräten;
- Datenrate zwischen Rechnerkern und Peripherie unter Programmkontrolle;
- maximale Wartezeiten bei einer Anforderung zur Datenübertragung;
- maximale Reaktionszeit auf Unterbrechungssignale, die über den gemeinsamen Datenpfad gemeldet werden;
- Überlastungszustände als Folge gegenseitiger Behinderung von Aufgaben, die den gemeinsamen Datenpfad benötigen.

Wesentlicher Bestandteil eines solchen Datenpfades ist ein übergeordneter "Bus-Kontroller", der eine Synchronisierung des

Ablaufs zwischen den verschiedenen Elementen gewährleistet. Die eigentliche Datenübertragung verläuft unabhängig von der auslösenden Komponente nach einem festen Protokoll, das hier schematisch wiedergegeben werden soll:

1. die Komponente, von der die Übertragung einer Information angestoßen werden soll, signalisiert eine Bus-Anforderung (Bus-request);
2. sobald der Datenpfad für das anfordernde Gerät frei ist, wird das Signal "Bus-frei" erzeugt;
3. die Rechnerkomponente übernimmt die Kontrolle über den Datenpfad und zeigt dies durch "Bus belegt" an;
4. die Komponente initialisiert die eigentliche Datenübertragung durch Bereitstellen der Bus-Adresse;
5. die Daten werden bereitgestellt, je nach Übertragungsrichtung von der Komponente selbst oder von einem anderen Gerät; "Daten bereit" wird erzeugt;
6. der Datenempfänger quittiert durch "Daten empfangen";
7. die Schritte 4 bis 6 können wiederholt werden, wenn es sich um einen größeren Datenblock handelt;
8. die Komponente mit der Kontrolle über den Datenpfad zeigt die Beendigung der Übertragung durch "Bus frei" an.

Dieses schematische Datenflußprotokoll wird bei bestimmten Rechnerimplementierungen noch erweitert, wenn zusätzliche logische Schritte wie Prioritätenzuteilung u.ä. im Bus-Protokoll enthalten sind. Charakteristikum eines diesen Anforderungen genügenden Datenpfades ist die Notwendigkeit zur vollständigen Adressierung aller Komponenten in einem einheitlichen Adressraum. Dabei werden alle Adressen für Arbeitsspeicher und Peripherie ausschließlich über den gemeinsamen Datenpfad ausgetauscht. Damit sind naturgemäß Begrenzungen verbunden, die in bestimmten Anwendungen neben dem bereits beschriebenen elektronischen Aufwand für die Schaltelemente in den Rechnerkomponenten ökonomische und organisatorische Nachteile mit sich bringen. Andererseits liegen die Vorteile der Einheitlichkeit und der damit verbundenen Übersichtlichkeit für den Anwender auf der Hand. Als Besonderheit des gemeinsamen Datenpfades ist es prinzipiell auch möglich, Daten direkt von Gerät zu Gerät zu übertragen. Diese Möglichkeit wird allerdings im allgemeinen nicht genutzt; der organisatorische Aufwand, insbesondere die Überwachung durch die Betriebssoftware, ist zu groß.

3.2.2 Rechner mit getrennten Datenpfaden für den Speicherzugriff und zur Peripherie

Wegen der beschriebenen Nachteile der Rechner mit einem gemeinsamen Datenpfad enthalten viele Prozeßrechner zwei getrennte Datenpfade; ein Datenpfad wird eingesetzt für den Informationsfluß zur Peripherie, ein zweiter für den Datenverkehr mit dem Arbeitsspeicher (Figur 3.3). Damit ist es möglich, die Geschwindigkeit den unterschiedlichen Erfordernissen bei der Datenübertragung zwischen den verschiedenen Rechnerkomponenten anzupassen und insgesamt eine höhere Datenrate zu erreichen. Ebenfalls kann die Schaltgeschwindigkeit der mit den beiden Datenpfaden verbundenen Komponenten den jeweiligen Gegebenheiten besser angepaßt werden. Im allgemeinen wird der Speicher-Bus für höhere Datenraten ausgelegt sein, als der Datenpfad zur Peripherie. Im Prinzip sind beide Datenpfade gleichartig organisiert wie der vorher beschriebene gemeinsame Datenpfad; die Zugriffsbreite kann jedoch unterschiedlich sein und spezielle Varianten der Adressenübergabe sind möglich. Der Datenpfad für den Speicherzugriff kann bei hohen Übertragungsraten wegen der kürzeren Länge kostengünstiger als im Falle eines gemeinsames Datenpfades konzipiert sein, während der geometrisch längere Datenpfad für die Ein-/Ausgabe für niedrige Übertragungsgeschwindigkeiten ausgelegt sein kann.

Die Übertragung von Daten zwischen Arbeitsspeicher und Peripherie kann entweder über den Rechnerkern unter Programmkontrolle oder über den direkten Speicherzugriff laufen. Der direkte Speicherzugriff kann in eigener Regie das Packen und Entpacken von Daten übernehmen, wenn die Zugriffsbreite zum Arbeitsspeicher und zur Peripherie unterschiedlich ist. Er kann ebenfalls über die Adresse für den Arbeitsspeicher und die angesprochene Peripherie verfügen sowie die Länge der zu übertragenden Datenblöcke überwachen.

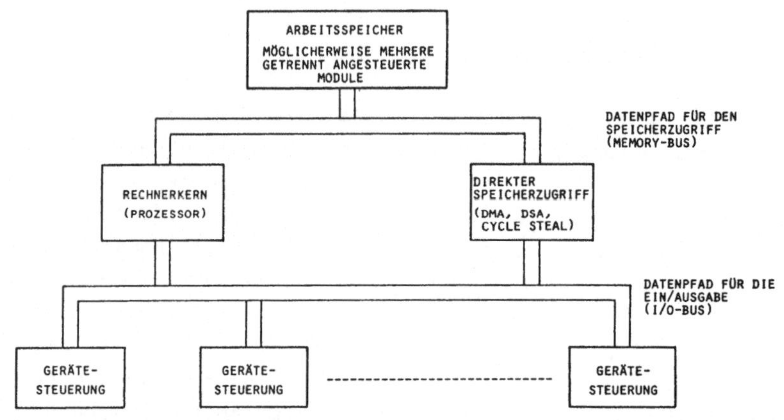

<u>Figur 3.3</u>: Rechneraufbau mit zwei getrennten Datenpfaden für den Zugriff zum Arbeitsspeicher und zur Peripherie.

Setzt sich der Arbeitsspeicher aus mehreren getrennt angesteuerten Modulen zusammen, so kann die Übertragung zwischen Arbeitsspeicher und Peripherie ohne Beeinflussung der Arbeitsgeschwindigkeit des Rechnerkerns ablaufen, wenn jeweils getrennte Module im Arbeitsspeicher angesprochen werden. Ein wesentlicher Leistungsengpaß der Rechner mit gemeinsamem Datenpfad entfällt damit. Trotzdem müssen auch bei dieser Implementierungsform in jedem Anwendungsfalle mögliche Leistungsbegrenzungen sorgfältig überprüft werden. Besonders im Falle hoher Übertragungsraten von bzw. zu peripheren Geräten können die Funktionsmerkmale dieser Rechnerstruktur zu spürbar leistungsbegrenzenden Durchsatzcharakteristiken führen.

3.2.3 Rechner mit mehreren Datenpfaden

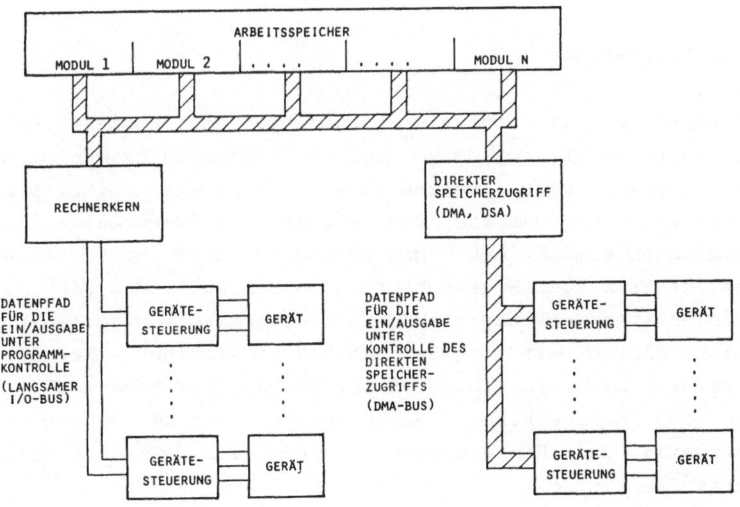

Figur 3.4: Rechneraufbau mit mehreren Datenpfaden.

Eine weitere Entflechtung im Bereich der peripheren Geräte führt zu Rechnerarchitekturen mit mehreren unabhängigen Datenpfaden. Unverändert bleibt die Organisation des Zugriffs zum Arbeitsspeicher, zum Rechnerkern und des direkten Speicherzugriffs für die Peripherie. Für den Datenverkehr zwischen Rechnerkern und Peripherie einerseits, sowie direktem

Speicherzugriff und Peripherie andererseits werden jedoch getrennte Datenpfade implementiert, die den jeweiligen Geschwindigkeitsanforderungen genügen können (Figur 3.4). Dieser Rechneraufbau ist der am meisten verbreitete. Auch übliche Großrechner sind nach diesem Prinzip strukturiert. Dort sind die Prozessoren für direkten Speicherzugriff allerdings mit einem umfangreicheren Funktionsspektrum ausgestattet, und es sind im allgemeinen mehrere unabhängige Datenpfade mit direktem Speicherzugriff realisiert.

3.3 Der Rechnerkern

Der Rechnerkern als zentrale Komponente des Prozeßrechners setzt sich selbst wiederum aus funktionalen Elementen zusammen, die über verschiedene Datenwege miteinander kommunizieren und dadurch das eigentliche "Verarbeiten" von Informationen ermöglichen. Naturgemäß tritt in der Praxis ein großes Spektrum von Implementierungsformen auf, das sich jedoch in seiner Gesamtheit auf ein gemeinsames, grundlegendes Funktionsprinzip mit allen charakteristischen Merkmalen zurückführen läßt. In Figur 3.5 ist ein solches Schema für den Aufbau des Rechnerkerns dargestellt, anhand dessen die Arbeitsweise der Einzelelemente und ihr Zusammenwirken erläutert werden soll.

Der Rechnerkern als solcher kommuniziert in der im vorigen Kapitel beschriebenen Weise mit dem Arbeits- oder Hauptspeicher des Gesamtrechners und mit den peripheren Geräten über Datenpfade. Dabei wirken drei funktionale Komponentengruppen als bestimmende Elemente zusammen. Der zeitliche Ablauf zwischen diesen Elementen und die zeitrichtige Aktivierung der Verknüpfungslogik ist das eigentliche Arbeitsprinzip:

- Die Register speichern die aktuellen Informationen
  zur Bearbeitung und schnellen Verfügbarkeit im
  Rechnerkern. Die eigentlichen Arbeitsregister ent-
  halten die Daten des Verarbeitungsprozesses im
  Rechnerkern, während die Steuerregister
  ablauf-spezifische Informationen festhalten. Dazu
  gehören je nach Implementierungsform Programmzähler,
  Programmzustandsinformationen über vorangegangene
  Operationen und bestimmte Prozessorinformationen wie
  Maskenregister für die Prioritätsfestlegung (s.
  Kap.3.5) und andere Informationen. Bei einigen
  Rechnertypen kommen neben dem Programmzählregister
  noch zusätzliche Adressregister wie Stack-Pointer,
  MAP-Register, Page-Register u.a. hinzu. Die Zahl der
  vorhandenen Register insgesamt wechselt je nach
  Implementierungsform; generell sind Leistungs- und
  Funktionsspektren mit der Zahl der im Rechnerkern
  vorhandenen Register korreliert. Jeweils nach
  Ausführung einer Instruktion definiert die Gesamtheit dieser Register den Zustand eines in der Bearbeitung befindlichen Prozesses in eindeutiger Weise;
  sie soll deshalb als Zustandsvektor bezeichnet
  werden.

- Die arithmetisch-logische Einheit (angelsächsisch
  ALU, Arithmetic Logical Unit) verknüpft die aus den
  Arbeitsregistern gelieferten Informationen in der
  durch die Instruktion bestimmten Weise. In zeitlich
  getrennten Schritten fließen bei Instruktionen mit
  zwei Operanden (z. B. Addieren, Subtrahieren) zwei
  Informationen in die ALU, werden dort verknüpft und
  Ergebnis sowie Zustandsindikatoren gehen an den
  Registerblock zurück. Bei Instruktionen mit nur
  einem Operanden (z. B. Verschieben, Komplementieren,
  Inkrementieren) wird nur eine Information an die ALU

geleitet, die das Ergebnis nach der Bearbeitung
wieder an den Registerblock zurückmeldet.

- Die Kontrolleinheit ist die eigentliche Steuerzen-
  trale des Rechnerkerns und des Rechners insgesamt;
  sie bestimmt den Datenfluß innerhalb des Rechnerkerns und zum Hauptspeicher bzw. zur Peripherie auf
  Grund der interpretierten Instruktionen durch Öffnen
  und Schließen von Verbindungswegen und Aktivierung
  der Verknüpfungslogik in der arithmetisch-logischen
  Einheit in einem bestimmten festgelegten zeitlichen
  Ablauf, der aus einer Sequenz von Einzelschritten
  besteht.

In den Unterlagen über Prozeßrechner findet man im Rechnerkern
häufig neben der arithmetisch-logischen Einheit noch einen
"Shifter" oder "Verschieber" als getrennte Komponente zwischen
ALU und den Registern im Datenpfad eingebracht. Tatsächlich
ist das Verschieben keine eigentliche Verknüpfungsoperation
und wird deshalb auch schalttechnisch von speziellen Elementen
durchgeführt. Im Interesse einer einfacheren Darstellung und
einer besseren Übersichtlichkeit ist die Verschiebefunktion
jedoch in der hier gewählten Darstellung mit in die ALU einbezogen worden.

Die Datenpfade zwischen den Komponenten des Rechnerkerns haben
in der Regel wiederum eine Bus-Struktur; häufig sind diese
Pfade jedoch nur für eine Richtung des Informationsflusses
ausgelegt. Die Steuersignale der Kontrolleinheit bestimmen,
welche Daten zu welcher Zeit auf den ausgewählten Bus fließen.
Allerdings werden auch gewisse Rückmeldungen von der Kontrolleinheit aufgenommen, die einen fehlerfreien Datenfluß sichern
und der allgemeinen Synchronisierung dienen.

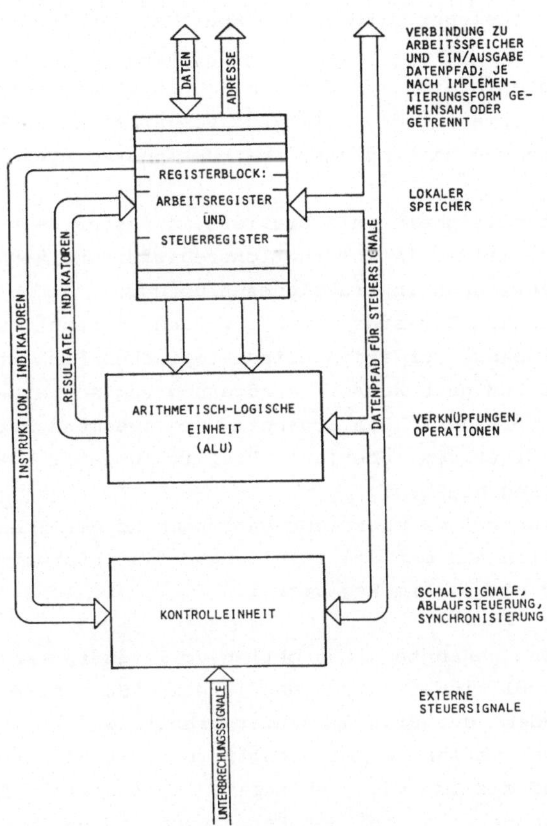

Figur 3.5: Der Rechnerkern schematisch.

Eine einfache Instruktion läuft schematisch wie im Folgenden erläutert ab. Als Beispiel diene "Addiere den Inhalt von Register 2 zu Register 1 und speichere das Ergebnis nach Register 1":

- Die im "Programmzählregister" enthaltene Information wird auf den Bus "Hauptspeicheradresse" gegeben; ein Steuersignal mit der Anforderung einer Information aus

dem Hauptspeicher wird an die Speichersteuerung geleitet.

- Sobald die Information aus dem Hauptspeicher verfügbar
ist, wird sie auf den Daten-Bus vom Arbeitsspeicher gegeben und von dort in das "Instruktionsregister" übernommen.
- Die Kontrolleinheit interpretiert in fester Sequenz
bestimmte Felder im Instruktionsregister und kommt damit
zur eigentlichen Instruktionsausführung.
- Die Daten aus Register 1 und 2 werden getrennt auf die
beiden Zugänge zur arithmetisch-logischen Einheit ge-
schaltet und nach kurzer Verzögerung vom Addierwerk in
der ALU verknüpft. Das Ergebnis wird zusammen mit Zustandsindikatoren (Überlauf, Positiv, Negativ u.ä.) zum
ALU-Ausgang gegeben.
- Der Registerblock übernimmt entsprechend der Schalt-
information auf den Steuerleitungen die Information am
ALU-Ausgangs-Bus im Register 1.

Damit ist die genannte Instruktion vollständig abgearbeitet
und die Kontrolleinheit wird den ersten Schritt erneut einleiten, nachdem der Programmzähler erhöht wurde. Komplexere
Instruktionen verlangen naturgemäß eine Reihe zusätzlicher
Schritte, auf die im nächsten Kapitel ausführlich eingegangen
wird. Insbesondere ist bei der Berechnung von Datenadressen im
Hauptspeicher in der Regel ein mehrstufiges Durchlaufen der
arithmetisch-logischen Einheit erforderlich.

Eine für die Prozeßdatenverarbeitung wesentliche Funktion ist
die Behandlung von Unterbrechungssignalen in der Kontrolleinheit. Ist eine Unterbrechung zugelassen, so entscheidet die
Kontrolleinheit bei Anstehen eines Unterbrechungssignals auf
Grund einer in einem Register (Maskenregister) gespeicherten
Information über den weiteren Ablauf. Verbietet das Maskenregister die Behandlung des Unterbrechungssignals, so wird

jeweils die durch die Programmsequenz festgelegte nächste Instruktion aus dem Arbeitsspeicher entnommen und ausgeführt. Ist eine Unterbrechung der laufenden Programmsequenz jedoch erlaubt, so wird der gerade bearbeitete Ablauf je nach Rechner-Implementierung durch geeignete Einrichtungen des Rechnerkerns mehr oder weniger vollständig konserviert und eine neue Sequenz durch Übernahme von Informationen aus dem Hauptspeicher oder von der Peripherie angestoßen. Nach Beendigung dieser Programmsequenz wird der konservierte Zustand mittels entsprechender Signale der Kontrolleinheit wieder etabliert. Der Mechanismus wird näher in Kapitel 3.5 erläutert.

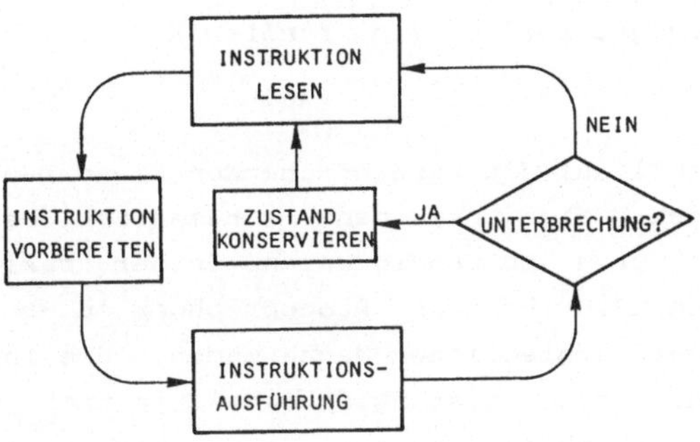

Figur 3.6: Aufbauschema im Rechnerkern; sehr einfache Rechnerimplementierungen verfügen über eine separate Instruktion zum Abfragen über das Vorliegen von Unterbrechungssignalen; Mikroprogrammierte Rechner verfügen über eine entsprechende Instruktion im Mikrocode.

Der Gesamtablauf im Rechnerkern ist bestimmt durch die Kommandos der Kontrolleinheit, die über die Steuerleitung an die anderen Komponenten übermittelt werden. Diese einzelnen "Takte" waren in historischen Rechnern elektronisch realisiert, die nacheinander von einem oszillator-gesteuerten Takt-

geber angestoßen wurden. In moderneren Rechnern ist die
Kontrolleinheit selbst wieder ein Prozessor mit einem
limitierten, meist auf logische Funktionen beschränkten
Instruktionsrepertoire. Diese als Mikroprogrammierung bezeichnete Technik bietet ein hohes Maß an Flexibilität bei der
Rechnerimplementierung und erlaubt ein stufenweises Erweitern
des Instruktionsrepertoires im eigentlichen Rechnerkern durch
Zufügen zusätzlicher Mikroprogrammsequenzen. Auf die Mikroprogrammierung wird näher in Kapitel 3.7 eingegangen.

Zusammenfassend kann der Ablauf im Rechnerkern schematisiert
werden. In einem festen Zyklus werden vier Funktionsschritte
durchlaufen (Figur 3.6). Beim Auftreten eines zugelassenen
Unterbrechungssignals wird ein fünfter Konservierungsschritt
eingeschoben.

Bereits hier soll auf die vereinfachenden Einschränkungen hingewiesen werden, die bei den schematisch beschriebenen
Rechnerarchitekturen notwendig waren. In der Praxis verfügen
die verschiedenen verfügbaren Prozeßrechner über eine Reihe
von zum Teil unterschiedlichen Mechanismen, die ihre Einsatz-
möglichkeit und ihre Leistungsfähigkeit je nach Anwendungsgebiet erhöhen. Schlagwortartig seien hier einige dieser
Techniken aufgezählt:

- mehrfache Registersätze im Rechnerkern für unterschiedliche Prioritätsebenen, die mittels zusätzlicher
  Maskenregister und geeigneter Betriebssoftware in
  weitere Vorrangstufen aufgeteilt werden können;
- schneller Pufferspeicher zwischen Arbeitsspeicher und
  Registerblock,
- Trennung von Programm- und Datenbereich im Arbeitsspeicher durch Einrichtung getrennter Adressregister.

3.4 Befehlsstruktur und Befehlsklassen

Die Architektur und die Leistungsfähikeit eines Prozessrechners werden neben einer Reihe von anderen Größen wesentlich durch den implementierten Instruktionsvorrat des Rechnerkerns bestimmt. Wenn auch für die meisten heute im Gebrauch befindlichen Prozeßrechner unterschiedliche Instruktionssätze angeboten werden, so können doch bei allen Rechnern gemeinsame Strukturen festgestellt werden, die an Hand eines typischen Programmschemas herausgearbeitet werden sollen. Als Beispiel soll ein einfaches Programmflußdiagramm dienen, wie es in Figur 3.7 angegeben ist.

Der überwiegende Teil des Flußdiagramms wird von Operationsblöcken bestimmt, die der eigentlichen Verarbeitung und dem Speichern von Daten dienen (Ziffern 2, 3, 9, 10 und 12 in Figur 3.7). In der Praxis gehören dazu arithmetische und logische Verknüpfungen, logische Verschiebeoperationen und Transferbefehle, mit deren Hilfe Daten von einem Teil des Gesamtrechners zu einem anderen übertragen werden können, beispielsweise vom Arbeitsspeicher zum Rechnerkern.

Auffallendes Charakteristikum des Flußdiagramms in Figur 3.7 ist die logische Entscheidung, also die Fähigkeit des Rechners, auf Grund vorliegender Daten den Programmablauf in Abhängigkeit dieser Daten zu beeinflussen (Ziffern 6, 11 und 14).

Dem Datenaustausch mit den peripheren Geräten dienen die Felder 4, 8 und 13. Im eigentlichen Sinne handelt es sich bei diesen Operationen ebenfalls um Transferbefehle; dies wird besonders deutlich bei den Rechnerarchitekturen mit nur einem gemeinsamen Datenpfad für den Informationsfluß zwischen Rechnerkern, Arbeitsspeicher und Peripherie. Für den Anwender in der Prozeßdatenverarbeitung sind diese Operationen jedoch

von besonderer Wichtigkeit. Sie werden deshalb im allgemeinen
gesondert betrachtet.

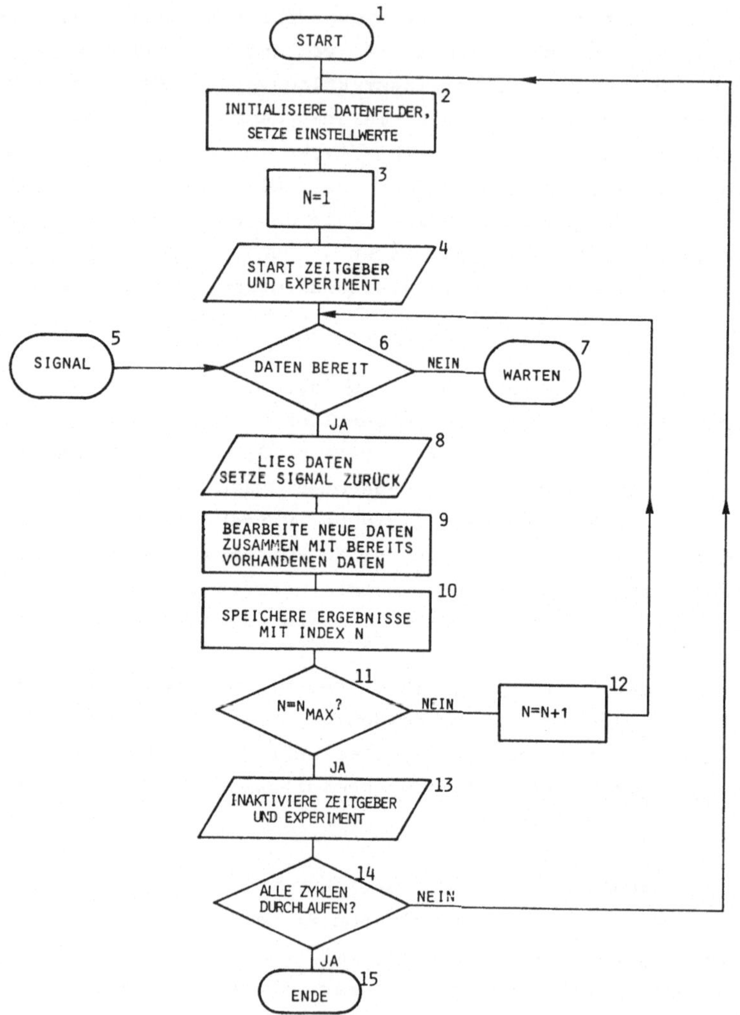

<u>Figur 3.7</u>: Typisches Programmschema zur Erläuterung von Be-
fehlsstrukturen.

Der übergeordneten Steuerung des Ablaufs in einer Rechenanlage insgesamt dienen die Ablaufelemente mit den Ziffern 1, 5, 7 und 15. Mit der Ausführung dieser Funktionen sind häufig sowohl bestimmte Befehle des Rechnerkerns, wie Prioritätsumschaltung, Verändern von Zustandsregistern u.ä. als auch globalere Steuerfunktionen des Betriebssystems verbunden (siehe Kapitel 5).

Zusammenfassend kann man das Instruktionsrepertoire des Rechnerkerns in folgende Funktionsklassen einteilen:

- Eigentliche Datenverarbeitung,
- Ablaufsteuerung,
- Ein-/Ausgabe,
- Übergeordnete Koordinierung.

Eigentliche Datenverarbeitung

Bei der Implementierung eines Instruktionssatzes für einen Prozeßrechner muß diese zunächst globale Schematisierung näher bezüglich der Inanspruchnahme von Funktionskomponenten des Rechnerkerns und des Rechners insgesamt analysiert werden. Bei den Instruktionen zur eigentlichen Datenverarbeitung findet man zu folgender Klassifizierung:

- Speicherreferenz-Instruktionen; mindestens einer der
  Operanden ist im Arbeitsspeicher enthalten oder das
  Ergebnis muß dorthin übertragen werden. Die Instruktion
  muß sowohl die Speicherstelle bzw. die Speicherstellen
  im Arbeitsspeicher als auch die beteiligten Register im
  Registerblock adressieren. Bei Rechnern mit einem
  gemeinsamen Datenpfad gehören die
  Ein-/Ausgabe-Instruktionen mit in diese Klasse.
- Register-Referenz-Instruktionen; die Operation kann ohne

einen weiteren Zugriff auf den Arbeitsspeicher vom
Rechnerkern ausgeführt werden.

- Makroinstruktionen; solche Instruktionen verlangen eine
  wiederholte Inanspruchnahme der Komponenten im
  Rechnerkern. Bei üblichen Prozeßrechnern zählen
  Multiplikation und Division zu dieser Instruktions-
  klasse. Bei einfachen Rechnern werden solche
  Instruktionen im Rechnerkern als eine Sequenz von ein-
  zelnen arithmetischen Operationen mit nachfolgenden
  Verschiebe- und Prüfanweisungen realisiert.

Es wäre müßig, hier ein typisches Instruktionsformat angeben
zu wollen, da die einzelnen Rechnerarchitekturen zu sehr
unterschiedlichen Implementierungsformen geführt haben, die
eine Gemeinsamkeit nur im Funktionalen erkennen lassen; diese
soll hier erläutert werden. Die Instruktion generell enthält
mehrere Felder:

- Den _Instruktionscode_ als übergeordnete Anweisung für
  den Ablauf im Rechnerkern,
- den _Adressierungsmodus_ bei Speicherreferenz-
  instruktionen, aus der eine Anweisung zur Berechnung der
  tatsächlichen Adresse abgeleitet wird,
- die _Registerauswahl_ für die beteiligten Elemente des
  Registerblocks und
- den Adressraum einer Anwendung.

Der _Instruktionscode_ wählt die auszuführende Operation aus dem
implementierten Funktionsrepertoir des Rechners aus. Dazu
gehören die Basisfunktionen:

- Transferieren,
- Addieren, Subtrahieren,
- Multiplizieren, Dividieren,
- Vergleichen,

- Inkrementieren, Dekrementieren,
- Logisches UND, ODER, EXKLUSIVES ODER,
- Komplementieren, Löschen, Setzen,
- Verschieben.

Üblicherweise wird das Funktionsspektrum je nach Rechner um andere zusätzliche spezielle Instruktionen erweitert.

Der Adressierungsmodus für den Arbeitsspeicher gibt an, in welcher Weise die tatsächliche Adresse berechnet werden soll. Man unterscheidet generell:

- Direkte Adressierung über eine durch die Rechner-
  architektur oder ein in der Instruktion spezifiziertes
  Register;
- Direkte Adressierung durch eine zur Instruktion
  gehörende Information der Instruktion;
- Relative Adressierung, wobei das laufende Programmzähl-
  register und ein Teil des Instruktionswortes - häufig
  als "Displacement" bezeichnet - zur Adressberechnung
  herangezogen werden.
- Seitenadressierung, wobei ein "Seitenregister" und ein
  Teil des Instruktionswortes wie vorher die
  Adressberechnung bestimmen;
- Indizierte Adressierung, wobei weitere Register additiv
  zur Adressberechnung herangezogen werden;
- Indirekte Adressierung, wobei über die beschriebenen
  Mechanismen ein Platz im Arbeitsspeicher bezeichnet
  wird, der die tatsächliche Adressinformation enthält;
  ist mehrstufiges indirektes Adressieren zulässig, so
  kann diese Information selbst wieder eine indirekte
  Adresse darstellen, wenn je nach Rechnerarchitektur
  bestimmte Indikatoren gesetzt sind.

Die Registerauswahl bestimmt über einen Dekodierer in der

Kontrolleinheit des Rechnerkerns in direkter Weise die an der Operation beteiligten Register. Über die Steuerleitungen werden die zeitrichtigen Signale erzeugt, die eine Übertragung der in den Registern gespeicherten Daten an die gewünschte Komponente im Rechnerkern zulassen, um dort die durch den Instruktionscode ausgewählten Operationen zu ermöglichen.

Eine spezielle Variante der Adressierung und eine Erweiterung des verfügbaren Instruktionsspektrums bietet die Implementierung eines "Stack",im deutschen gelegentlich auch als "Kellerspeicher" bezeichent. Der "Stack" ist ein abgegrenzter Bereich im Arbeitsspeicher, dessen vordere Grenze sich bei einigen Rechnerformen logisch in den Registerblock des Rechnerkerns fortsetzt. Ein Register zeigt auf den "Top of Stack". Mit jedem Speichern wird der Inhalt dieses Registers erhöht (Increment Top of Stack) und bei jedem Lesen vom "Stack" erniedrigt (Decrement Top of Stack). Diese Instruktionen werden auch als "Push into Stack" und "Pop from Stack" bezeichnet. Einige Rechnerformen benutzen die "Top of Stack Register" grundsätzlich als Operandenregister. Die Implementierung eines "Stack" ermöglicht bei weniger komplexen Anwendungen ein relativ leichtes Programmieren und erhöht die Arbeitsgeschwindigkeit durch einfache Techniken der Datenübergabe. Darüberhinaus kommt die Stack-Architektur den Speichertechniken bestimmter Übersetzer auf der Basis von ALGOL besonders entgegen. Bei komplexeren Aufgabenstellungen in der Prozeßdatenverarbeitung bringt der allen Teilanwendungen gemeinsame "Stack" jedoch gewisse Risiken mit sich. Beispielsweise führt im Falle maschinennaher Programmierung in assembler-artigen Sprachen jeder Fehler bei der Behandlung des "Stack" in nur einer Teilanwendung unweigerlich zu einer globalen Problemsituation. Diese Risiken können nur durch eine konsequente Verwendung höherer Programmiersprachen aufgefangen werden.

Ablaufsteuerung

Die Fähigkeit, auf Grund vorliegender Information Entscheidungen zu treffen, bestimmt in wesentlicher Weise Leistung und Einsatzmöglichkeiten der Rechenanlagen allgemein und speziell der Prozessrechner. Ohne diese Funktion wäre der Rechner lediglich in der Lage, vorgegebene Programme nach Anstoß von außen zu bearbeiten, um nach Abarbeiten auf einen erneuten Aufruf zu warten. Bei den Befehlen zur Ablaufsteuerung unterscheidet man Ablaufanweisungen, die immer erfüllt werden, und solche, die nur bei Vorliegen bestimmter Bedingungen ausgeführt werden. Sie resultieren immer in einer Veränderung des Programmzählers, der den Speicherplatz bestimmt, an dem die nächstfolgende Instruktion entnommen wird.

Die normalen Ablaufanweisungen dienen der Übergabe der Programmkontrolle zwischen verschiedenen Teilprogrammen. Diese Instruktionen werden üblicherweise mit "Branch" oder "Jump" bezeichnet. Spezielle Varianten sind "Branch Subroutine" oder "Jump Subroutine". Bei diesen Instruktionen wird eine Information über die Herkunft-Speicheradresse in einem ausgewählten Register oder an einer bestimmten Stelle im Arbeitsspeicher an den angestoßenen Programmteil übermittelt. Das aufgerufene Programmteil kann diese Information konservieren und nach Arbeitsabschluß benutzen, um die Programmkontrolle mit den Instruktionen "Return from Subroutine" oder "Return Jump" an das rufende Programmteil zurückzugeben.

Die bedingten Ablaufanweisungen wie "Branch on Condition" oder "Skip on Condition" werden nur ausgeführt, wenn die in der Instruktion spezifizierte Bedingung erfüllt ist. Diese Bedingungen sind im allgemeinen in bestimmten Registern oder Teilen davon, beispielsweise in dem "Programm Status Wort", festgehalten. In einigen Implementierungsformen sind bestimmte bedingte Ablaufanweisungen mit arithmetischen Operationen wie Dekrementieren oder Inkrementieren verknüpft, die ein einfaches Programmieren von Programmschleifen ermöglichen. Beispiele sind:

- <u>Skip on Overflow</u>; überspringe die spezifizierte Anzahl von Speicherplätzen wenn die Überlaufanzeige gesetzt ist;
- <u>Branch on Negative</u>; verändere den Programmzähler, wenn die vorhergehende arithmetische Operation ein negatives Resultat brachte;
- <u>Branch if Bit set</u>; verändere den Programmzähler, wenn das spezifizierte Bit im angesprochenen Register gesetzt ist;
- <u>Jump on Count Zero</u>; verändere den Programmzähler, wenn das als Zähler spezifizierte Register den Wert Null erreicht hat; andernfalls vermindere den Inhalt des Registers um eins.

<u>Ein-/Ausgabe Instruktionen</u>

Bei diesem Instruktionstyp handelt es sich um eine spezielle Variante der Transferbefehle, die bereits vorher besprochen wurden. Zusätzlich zum Instruktionscode sind die zwei Zustände "Eingabe" und "Ausgabe" zu unterscheiden. Definiert sein müssen ebenfalls:

- die Adresse des peripheren Gerätes, das über den Ein-/Ausgabe Datenpfad angesprochen wird,
- das Datenregister im Rechnerkern und
- ein Mechanismus zur Überwachung der Fehlerfreiheit bis zum Gerät hin.

Figur 3.8 beschreibt einen einfachen Schnittstellenumsetzer

für die Steuerung eines peripheren Gerätes. Neben der eigentlichen Datenübertragung muß die Synchronisierung des Daten-
flusses unabhängig von den Kabelwegen und der Schaltgeschwindigkeit der elektronischen Komponenten sichergestellt sein.

Die Adresse wird je nach Rechnerarchitektur von einem in der
Instruktion ausgewählten Register, einem ständig definierten
Register oder als Bestandteil der Instruktion selbst auf den
Ein-/Ausgabe-Datenpfad gegeben.   Einige Rechnerarchitekturen
unterscheiden bei der Ein-/Ausgabe-Instruktion zwischen
eigentlichem Datenaustausch und Informationen, die den
Betriebsmodus der angeschlossenen Geräte betreffen, also Zustandinformationen und Betriebsanweisungen, die gelegentlich
auch als Status- und Director-Kommandos bezeichnet werden. Dafür wird in der Regel ein Bit eines der an der
Ein-/Ausgabe-Instruktion beteiligten Registers reserviert.

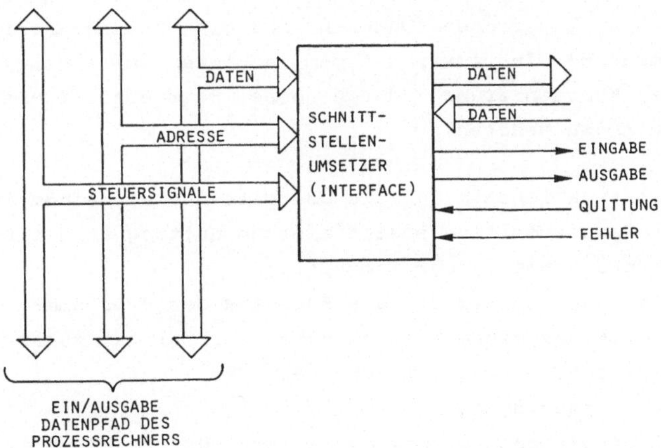

Figur 3.8: Ein-/Ausgabe-Schnittstelle schematisch.

Der Fehlerüberwachung und der Synchronisierung des Programm-
ablaufs dient je nach Rechnerarchitektur ein zusätzliches Feld
des Instruktionswortes. Bei einer von der Peripherie ge-

meldeten Fehlerbedingung kann die Programmkontrolle direkt ohne zusätzliche Verzweigungsinstruktion an eine Fehlerüberwachungsroutine abgegeben werden. Diese Ein-/Ausgabe-spezifischen Techniken werden ausführlicher in Kapitel 3.6 behandelt.

Übergeordnete Koordinierung

In der Regel werden einem Prozeßrechner eine Reihe von Aufgaben zugeordnet, die von außen unsynchronisiert nebeneinanderher zum Ablauf gebracht werden. Zu jedem Zeitpunkt ist der Rechnerkern jedoch nur mit der Bearbeitung einer dieser Aufgaben beschäftigt. Die einer solchen Aufgabe zugeordnete Priorität entscheidet über den Vorrang gegenüber anderen Aufgaben. Der Mechanismus der Programmunterbrechung durch äußere Signale, also Unterbrechungssignale, wird im nachfolgenden Abschnitt 3.5 besprochen. Daneben muß die Rechnerarchitektur jedoch mehrere Instruktionstypen anbieten, die eine übergeordnete Koordinierung durch eine Betriebssoftware ermöglichen. Dazu gehören:

- ein Instruktionstyp für die Übermittlung von einem in einer Parameterliste spezifizierten Auftrag an die Betriebsprogramme (Supervisor Call),
- ein Instruktionstyp der die Rückgabe der Programmkontrolle aus einem Zustand höherer Priorität zuläßt,
- ein Instruktionstyp zum Verändern der Prioritätszuordnung,
- ein Instruktionstyp, mit dem externe Unterbrechungssignale unterdrückt bzw. zugelassen werden können.

Bei den meisten Rechnerarchitekturen werden die Instruktionen zur Auftragsübermittlung und zur Rückgabe der Programmkontrolle im Zusammenspiel mit der eingesetzten Betriebssoftware realisiert. Im allgemeinen wird dabei der Instruktionstyp "Jump Subroutine" mit nachfolgender Parameterliste verwendet, wobei jeweils eine zentrale Verwaltungsroutine angesprochen wird. Bei dieser Technik ist allerdings darauf zu achten, daß das Unterbrechungssystem für eine bestimmte Zeit nach Ausführung dieser Instruktion inaktiviert bleibt. Andere Rechnerarchitekturen bieten spezielle Instruktionen im Rechnerkern an. Im besonderen zutreffend ist dies bei Rechnertypen mit getrennten Registerblöcken für unterschiedliche Prioritätsstufen, wo die Instruktionstypen "Class Interrupt", "Wait" oder "Exit from Interrupt State" verwendet werden müssen, um die Zulässigkeit einer Umschaltung im Rechnerkern mitzuteilen. Auf die dabei verwendeten Umschaltmechanismen wird im nächsten Abschnitt 3.5 eingegangen.

<u>Zusammenfassung</u>

Ziel der Festlegung eines Instruktionssatzes für einen Prozeßrechner muß es sein, einfache und schnelle Entscheidungsmechanismen realisieren zu können in der Weise, daß gleichartige Instruktionen gleiche Teile der implementierten Schaltelektronik oder der vorhandenen Mikrocodes durchlaufen können. In einer Instruktion wird also neben den Feldern mit der bereits besprochenen Festlegung von Instruktionstyp, Registerauswahl etc. auch ein Feld zur Klassendefinition frei sein, das allerdings bei einigen Rechnerimplementierungen mit dem Instruktionsteil durchmischt ist. Generell finden wir jedoch bei Speicherreferenzinstruktionen die Felder

- Klassenspezifizierung,
- Instruktionscode,
- Registerspezifizierung,
- Arbeitsmodus,
- Ergänzungsteil zur Adressberechnung im Arbeitsspeicher

oder bei der Ein-/Ausgabe.

Instruktionscode und Klassenspezifizierung sind bei einer Reihe von Prozeßrechnern identisch.

3.5 Prioritätsstruktur und Unterbrechungseinrichtungen

Priorität bezeichnet den Vorrang bestimmter Aufgabengruppen vor anderen Arbeiten, denen eine geringere Dringlichkeit zugeordnet ist. Die Größe "Priorität" ist festgelegt durch die in einem bestimmten Register gespeicherte Information. Dieses Register kann Teil des Registerblocks im Rechnerkern sein oder es kann, wie es bei einigen Rechnerimplementierungen der Fall ist, über die verschiedenen Anschlußstellen im Ein-/Ausgabeteil des Rechners verteilt sein. Das Register wird im allgemeinen als Maskenregister bezeichnet, weil seine Information, die Maske, bestimmte Unterbrechungsleitungen "maskiert" oder ausblendet. Der Wert dieses Registers also bestimmt als Maske die Priorität einer laufenden Aufgabe, indem anderen Aufgaben zugeordnete Unterbrechungssignale zugelassen bzw. unterdrückt werden.

Bei den Erläuterungen zur Kontrolleinheit im Rechnerkern (Figur 3.6 des Abschnitts 3.3) war die Prüfung nach dem Vorhandensein einer Unterbrechungsanweisung im Ablaufzyklus des Rechnerkerns aufgetaucht. Nach abschließender Bearbeitung einer Instruktion wird im Rechnerkern durch entsprechende Schaltkreise oder durch Mikroprogrammschritte geprüft, ob eine Unterbrechungsanweisung vorliegt. Zulässig sind nur solche Unterbrechungssignale, die von der durch das Maskenregister bestimmten Auswahllogik weitergegeben werden (Figur 3.9). Der Zeitablauf beim eigentlichen Umschaltmechanismus wird in Figur 3.10 dargestellt. Die Schaltsequenz zur Synchronisierung der Vorgänge im Rechnerkern und in den peripheren Geräten wird in

Figur 3.11 erläutert. Die Darstellung gibt ebenfalls ein Beispiel für die Verteilung des prioritätsdefinierenden Maskenregisters auf die Schnittstellenwandler für die Ein-/Ausgabe.

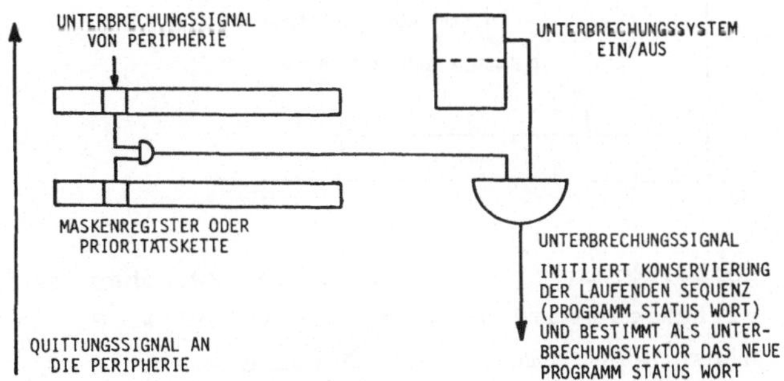

<u>Figur 3.9</u>: Unterbrechungslogik mit Maskenregister zur Festlegung der Priorität.

Bei der Implementierung der Unterbrechungseinrichtung werden je nach Rechnerform unterschiedliche Ziele berücksichtigt und damit auch verschiedenartige Realisierungsformen erreicht. Bestimmte Rechnertypen bieten durch relativ vielfältige Entscheidungsmechanismen im Rechnerkern selbst kurze Umschaltzeiten und flexible Prioritätsgestaltung, während bei anderen Rechnerformen die ökonomischen Randbedingungen eine Verlagerung der Verwaltungsmechanismen in den Bereich der Betriebssoftware und damit zu langen Umschaltzeiten zur Folge haben.

Der Versuch einer Klassifizierung führt zu zwei unabhängigen Unterscheidungsmerkmalen:

1. Mechanismen zur Konservierung und die Aktivierung der Zustandsvektoren;
2. Übertragungsprinzip für Unterbrechungssignale.

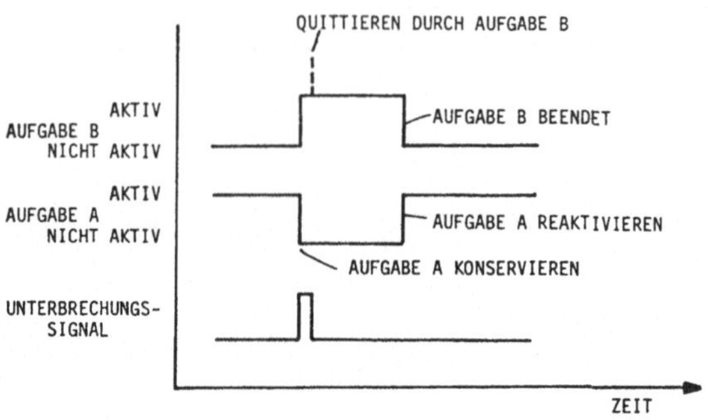

<u>Figur 3.10</u>: Zeitdiagramm beim Umschalten zwischen Aufgaben verschiedener Priorität; die Priorität der Aufgabe B ist höher als die der Aufgabe A.

In den heute verfügbaren Rechnerformen sind die im Folgenden diskutierten Merkmale in unterschiedlicher Kombination vertreten. Die Konservierung der zu unterbrechenden Aufgaben und Aktivierung des anzustoßenen Programms sind unabhängig von der Rechnerimplementierung in jedem Falle ein Zusammenspiel von Hardware und Software. Der Zustand der laufenden Programme ist, im Falle einer Unterbrechung so vollständig zu sichern, daß eine fehlerfreie Wiederaufnahme nach Beendigung der Aufgabe mit hoher Priorität sichergestellt ist. Dazu können bestimmte Instruktionen implementiert sein, mit denen die innerhalb der Register gespeicherten Daten schnell an vorgegebenen Stellen im Arbeitsspeicher abgesetzt und die neuen Zustände in kürzester Zeit etabliert werden können (Multiple Store/Load). Einige Rechnerformen bieten im Rechnerkern Mechanismen an, die jedem zulässigen Unterbrechungssignal ohne weitere Prüfungen unmittelbar einen neuen Zustand zuordnen. Dies kann je nach Rechnertyp nur der Programmzähler, das ganze Programm-Statuswort oder auch ein voller Registersatz sein. Diese Technik wird mit dem Schlagwort "vektorisierte Unterbrechung" bezeichnet. Eine Klassifizierung nach im Rechnerkern selbst vorhandenen Mechanismen zur Unterbrechungsbehandlung und zur Definition von Prioritätsebenen führt zu den folgenden charakteristischen Rechnerformen:

1. <u>keine</u> Prioritätsebenen, <u>kein</u> Unterbrechungsvektor;
2. <u>keine</u> Prioritätsebenen, Unterbrechungsvektor;
3. Prioritätsebenen, <u>kein</u> Unterbrechungsvektor;
4. Prioritätsebenen, Unterbrechungsvektoren.

Die erste Form enthält keinerlei Mechanismen zur Definition einer Vorrangstufe im Rechnerkern, also kein Maskenregister. Die Priorität kann nur durch eine entsprechende Einrichtung in der Betriebssoftware etabliert werden. Ein von außen an den Rechnerkern herangetragenes Unterbrechungssignal wird mit allen anderen möglichen Signalleitungen über ein logisches ODER zu einem gemeinsamen Unterbrechungssignal zusammengefaßt und es ist Sache der Betriebssoftware, das eine Unterbrechung anfordernde Gerät über Zustandsabfragen herauszufinden. Man bezeichnet diese Technik auch als "Polling". Sobald eine Unterbrechung überhaupt zugelassen wird, können alle peripheren Geräte Anforderungen stellen, sofern sie nicht über spezielle Ein-/Ausgabe-Kommandos inaktiviert worden sind. Die Betriebssoftware ordnet die einzelnen Anforderungen in eine dem erforderlichen Ablauf entsprechende Sequenz ein. Es ist evident, daß diese Implementierungsform zwar niedrige Ent- wicklungs- und Gestellungskosten für den Rechnerkern er- fordert, daß andererseits aber der Verwaltungsaufwand für die Behandlung von Unterbrechungssignalen erheblich wird. In Abschnitt 5.5 wird dies näher erläutert.

Die zweite Rechnerform verfügt ebenfalls nicht über ein Maskenregister zur Prioritätsfestlegung im Rechnerkern selbst; die Umschaltung von Aufgabe zu Aufgabe wird jedoch durch schnelle Konservierungs- und Lademechanismen im Rechnerkern beschleunigt, indem jedem Unterbrechungssignal oder auch ein-

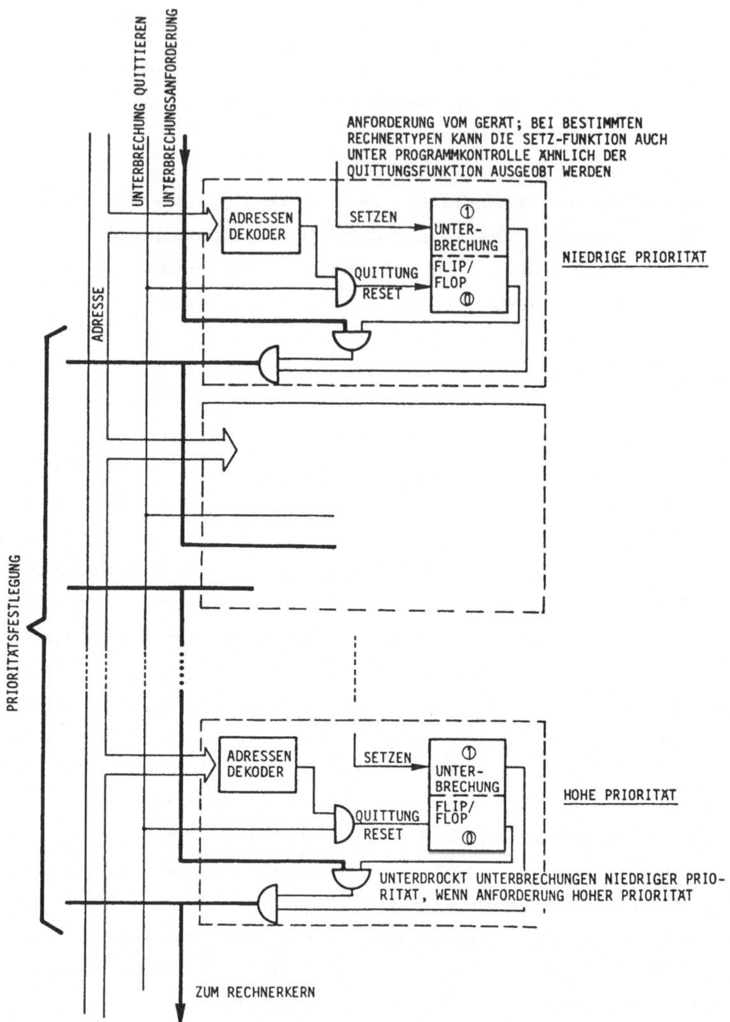

Figur 3.11: Prioritätsfestlegung im verteilten Maskenregister als Bestandteil der einzelnen Schnittstellenwandler für die Ein-/Ausgabesteuerung schematisch; die Zahl der Prioritätsebenen entspricht der Anzahl der gestrichelt umrandeten Elemente in der Prioritätskette.

zelnen Signalgruppen bestimmte Anfangswerte des Befehlszähl-
registers, die Unterbrechungsvektoren, zugeordnet sind. Damit
wird ein wesentlicher Anteil des Verwaltungsaufwandes bei
einer Prioritätsumschaltung vom Rechnerkern erledigt. Jedoch
sind einzelne Geräte immer wieder in der Lage, Unterbrechungen
anzufordern, sobald das Unterbrechungssystem als solches
aktiviert worden ist. Eine Prioritätsbestimmung ist lediglich
durch ein programmtechnisch relativ aufwendiges Aktivieren und
Deaktivieren einzelner Geräte möglich. Bei komplexeren Anwendungen sind Rechner dieser Prioritäts- und Unterbrechungs-
struktur ungeeignet.

Für Prozeßrechneranwendungen, bei denen eine Reihe von Teilaufgaben mit unterschiedlich zeitkritischen Anforderungen und
umfangreichen Ein-/Ausgabeaktivitäten überlappend bearbeitet
werden müssen, sind eigentlich nur solche Rechner geeignet,
die über eine Möglichkeit zur Festlegung der Priorität im
Rechnerkern mittels Maskenregister verfügen. Auch bei dieser
Implementierungsform sind die Rechner mit vektorisiertem
Unterbrechungssignal weitaus überlegen, wenn auch der schalttechnische Aufwand in Hardware oder Mikroprogramm des Rechnerkerns bedeutend höher ist. Bei komplexeren Anwendungen wird
dies jedoch durch höhere Leistung und einfachere programmtechnische Nutzung voll kompensiert. Mit dem Trend zu nied-
rigeren Hardwarekosten ist deshalb eine kontinuierliche Verlagerung zu Prozeßrechnern mit mehrfachen Prioritätsstufen und
vektorisierter Unterbrechungseinrichtung zu beobachten. Die
vorher beschriebenen einfacheren Strukturen werden mehr und
mehr nur noch im Bereich der Mikroprozessoren vorgefunden.

Eine Klassifizierung bezüglich der Übertragungsmechanismen von
Unterbrechungssignalen ist einfach. Man unterscheidet Rechnerarchitekturen nach der Übertragungsart für Unterbrechungssignale. Der immer vorhandene Ein-/Ausgabe-Datenpfad kann die
Unterbrechungssignale, möglicherweise in kodierter Form, ent-

halten oder die Unterbrechungssignale werden völlig getrennt an den Rechnerkern herangeführt. Die Vor- und Nachteile beider Mechnismen liegen auf der Hand. Logisch und schalttechnisch einfacher ist es, wenn das Unterbrechungssignal getrennt geführt wird, insbesondere dann, wenn eine Vielzahl von Unterbrechungssignalen unterschieden werden muß. Bei größeren Entfernungen entsteht jedoch erheblicher Aufwand für die getrennt geführten Kabelverbindungen und die meist erforderlichen Abschirmungsmaßnahmen. Welcher der beiden Implementierungsformen der Vorzug zu geben ist, muß in jedem Anwendungsfalle gesondert geprüft werden.

3.6 Mikroprogrammierung

Für den rechnerfernen Anwender ist es gleichgültig, in welcher Weise die für ihn verfügbare Rechnerarchitektur implementiert ist. Sobald jedoch spezielle Anforderungen, außergewöhnliche Leistungen und Funktionen von den eingesetzten Prozeßrechnern gefordert werden, bietet eine genaue Kenntnis der rechnerinternen Ablaufmechanismen erhebliche Vorteile für den Anwender. Mit der Technik der Mikroprogrammierung kann das Funktionsrepertoire in einfacher Weise auf nicht standardisierte Anforderungen zugeschnitten werden und bietet damit für besonders zeitkritische oder für sensororientierte Anwendungen zusätzliche Arbeitsmechanismen.

Die Erläuterungen zum Aufbau des Rechnerkerns haben gezeigt, daß die eigentliche Informationsverarbeitung aus einer Interpretation der aus dem Arbeitsspeicher gelieferten Instruktionen und einer daraus resultierenden Sequenz von Steuersignalen an die Komponenten des Rechnerkerns, des Arbeitsspeichers und die Ein-/Ausgabesteuerung besteht. In Figur 3.12 wird der durch Steuersignale der Kontrolleinheit bestimmte Datenfluß im Rechnerkern erläutert. Die mit "Her-

kunftskontrolle" und "Zielkontrolle" bezeichneten Signalgruppen bestimmen den Datenzufluß und Datenabfluß des Datenpfades.

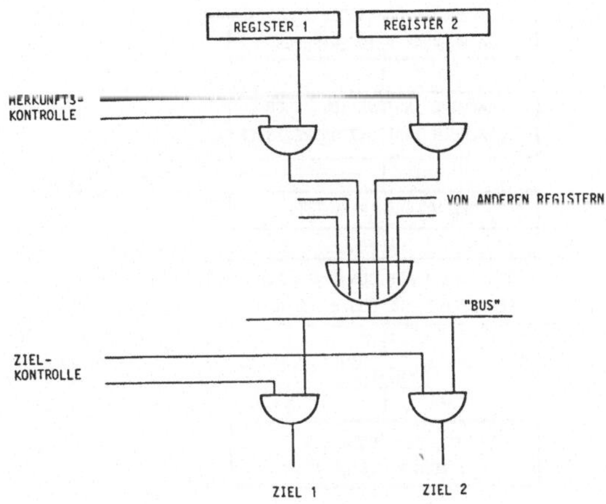

<u>Figur 3.12</u>: Schalttechnik bei der Befehlsausführung.

Die Kontrolleinheit im Rechner gibt in festgelegten Zeitfolgen
bestimmte Anweisungen zum Öffnen oder Schließen von Verbindungen zu den einzelnen Datenpfaden und Komponenten. Dieser
Gedankengang veranlaßte bereits 1951 Wilkes (Wi3) vorzu-
schlagen, die Kontrolleinheit im Rechnerkern programmierbar zu
machen, um flexible Ablaufmechanismen erzeugen zu können. Die
Kontrolleinheit selbst ist dann wiederum ein Rechner mit einem
elementaren Funktionsrepertoire zur Erzeugung der im vorigen
Absatz erwähnten Signalgruppen, zum Schalten des Datenstromes
im Rechnerkern und zum Aktivieren seiner Komponenten.

Das bereits in Abschnitt 3.3 auf Seite 50 herangezogene Beispiel wird mit seinen elementaren Schaltschritten in Figur
3.13 angegeben. Dieses Flußschema kann in einzelnen Programm-
schritten festgehalten und in einen "Mikroprogrammspeicher"
abgelegt werden. Die jeweiligen Mikroprogrammschritte

resultieren in Anweisungen an die vorhandenen Schaltelemente
des Rechnerkerns und des Rechners insgesamt.

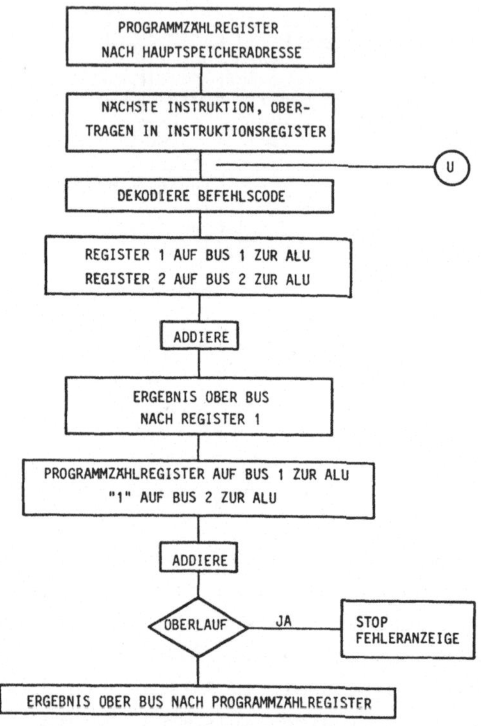

<u>Figur 3.13</u>: Elementare Schritte bei der Ausführung einer
Maschineninstuktion; Beispiel: Addiere den Inhalt
von Register 2 zu Register 1 und speichere das
Ergebnis in Register 1. "U" siehe Text Seite 75.

Wesentlich für die Mannigfaltigkeit im Gesamtablauf des
Rechnerkerns ist die Kodierung der Steuerfunktionen. In Figur
3.14 werden unterschiedliche Dekodierungsformen erläutert. Es
ist evident, daß die Zahl der Funktionen durch eine Kodierung
erhöht werden kann; eine Zusammenschaltung verschiedener

Dekodierer erhöht jedoch sowohl die Zahl der möglichen Funktionen als auch die Zahl der gleichzeitig zu aktivierenden Funktionen.

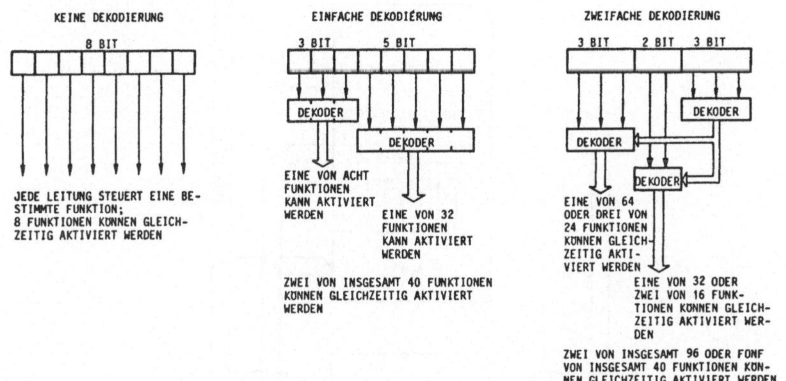

Figur 3.14: Dekodierungsformen; durch mehrfaches Dekodieren kann die Anzahl der Funktionen insgesamt und die Anzahl der gleichzeitig aktivierbaren Funktionen erhöht werden.

Mit Dekoder, Mikroprogrammspeicher und Taktgeber sind die Mechanismen für den Aufbau des mikroprogrammierten Rechnerkerns verfügbar. Verändert ist lediglich die Kontrolleinheit, deren Mittelpunkt jetzt der Mikroprogrammspeicher ist (Figur 3.15). Alle übrigen Komponenten des Rechnerkerns sind unverändert.

Genauso wie beim klassisch aufgebauten Rechnerkern werden die Informationen im Instruktionsregister vom Kontrollteil übernommen. Sie werden dekodiert und in eine Startadresse des Mikroprogrammspeichers umgesetzt. Vom Mikroprogrammspeicher gelieferte "Daten" werden als Einzelschritte interpretiert und erneut dekodiert. Sie resultieren in den Steuerfunktionen für die Komponenten des Rechners.

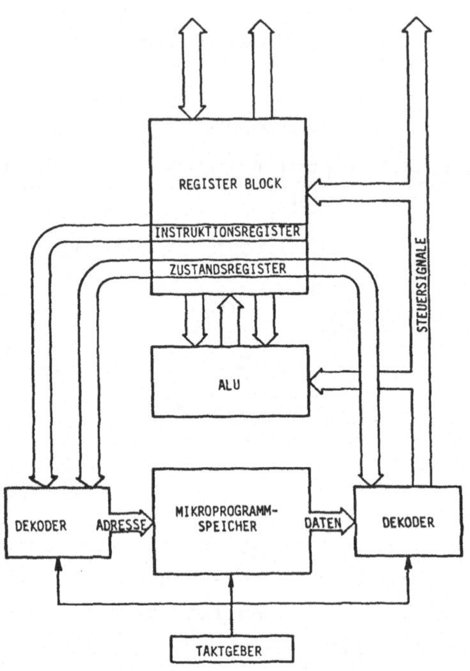

Figur 3.15: Zur Funktionsweise mikroprogrammierter Rechner.

Bei dieser Art der Befehlsausführung können bestimmte Operationen, die mit Wartezeiten verbunden sind, mikroprogrammtechnisch genutzt werden, um weitere Mikroinstruktionen, die andere Komponenten des Rechners oder des Rechnerkerns einsetzen, zu aktivieren. Durch eine solche überlappende Mikroprogrammiertechnik kann die Arbeitsgeschwindigkeit bei speziellen Problemstellungen erheblich erhöht werden. Im allgemeinen gilt dies für die Wartezeit beim Lesen der nächsten Instruktion aus dem Arbeitsspeicher. Die im Vergleich zur Arbeitsgeschwindigkeit des Rechnerkerns meist langsamen Lesezyklen im Hauptspeicher lassen es zu, beispielsweise das Vorhandensein von Unterbrechungssignalen zu überprüfen und

Verzweigungsoperationen einzuleiten, bevor die neue Instruktion im Instruktionsregister verfügbar ist. Eine solche Folge von Mikroinstruktionen wurde am Beispiel in Figur 3.13 an der mit 'U' gekennzeichneten Stelle eingefügt.

Naturgemäß werden die Vorteile der Mikroprogrammierung in der Prozeßdatenverarbeitung nur genutzt werden können, wenn die Mechanismen zur Erstellung von Mikroprogrammen und die Architektur des mikroprogrammierten Rechnerkerns ein hohes Maß an Flexibilität zulassen. Die heute verfügbaren Rechner dieser Bauweise bieten unter diesem Gesichtspunkt allerdings stark unterschiedliche Leistungscharakteristika, so daß auch die mikroprogrammtechnischen Aspekte in jedem Anwendungsfalle sorgfältig analysiert werden müssen. Einige Merkmale sollen summarisch erläutert werden.

Mikroprogrammierte Rechner werden gemäß dem Aufbau ihrer Mikroinstruktion als <u>horizontal</u> oder <u>vertikal</u> klassifiziert. Bei <u>vertikaler Befehlsstruktur</u> kann im Rechnerkern nur eine Operation pro Mikroinstruktion durchgeführt werden, beispielsweise also addiere, lade, speichere, springe oder ähnliche Funktionen. Tatsächlich gleicht die Mikroprogrammiertechnik dieser Rechner der klassischer Prozeßrechner. Typische mikroprogrammierte Rechner mit vertikaler Befehlsstruktur haben eine Mikro-Wortlänge zwischen 12 und 24 Bits. Rechner mit <u>horizontaler Mikrostruktur</u> kontrollieren statt dessen eine Reihe von Operationen gleichzeitig, indem verschiedene Steuersignale zur gleichen Zeit erzeugt werden. So können Funktionen der arithmetisch-logischen Einheit parallel zu Prüfoperationen, Speicherzugriffen und Ein-/Ausgabe-Operationen ablaufen. Eine solche horizontale Struktur resultiert jedoch in einer größeren Wortlänge des Mikroprogrammierspeichers und stärkerer Verschlüsselung, die mit einem höheren Dekodierungsaufwand bei der Befehlsinterpretation verbunden ist.

Für den Anwender wird ein Rechner mit stark horizontaler Mikro-Bauweise schwerer zu programmieren sein; die vielen Schaltmöglichkeiten machen eine Einarbeitung äußerst schwer. Deshalb eignen sich für spezielle Anwendungen in der Prozeßdatenverarbeitung mit der Notwendigkeit zur Implementierung bestimmter Funktionen als Mikroprogramm in der Regel auch lediglich die weniger komplexen mikroprogrammierten Rechner mit vertikaler Befehlsstruktur. Bei extremen Leistungsanforderungen kann der hohe Aufwand für die Mikroprogrammierung horizontal strukturierter Rechner jedoch durch die erreichbaren Funktionscharakteristika gerechtfertigt sein.

Für die Leistungsfähigkeit im extrem zeitkritischen Falle ist entscheidend, wieviele Daten in den Registern des Rechnerkerns gehalten werden können. Einige Rechnerimplementierungen bieten außerdem die Möglichkeit, bestimmte Daten zur schnellen Bearbeitung direkt im Mikroprogrammspeicher selbst abzulegen. Solche Funktionsmerkmale sind vorteilhaft bei der Implementierung bestimmter, extrem schneller Analyse- und Vergleichsoperationen mit einem hohen Maß an programmtechnischer Flexibilität.

Die Unterstützung des Anwenders bei der Erstellung von Mikroprogrammen durch geeignete Softwarehilfen ist unterschiedlich. Nachteilig wirkt sich aus, daß die Komplexität der möglichen Funktionen die Implementierung höherer Programmiersprachen uneffektiv macht. Heute sind jedoch für eine Reihe von Rechnern dieser Bauweise leistungsfähige Assembler oder Makroassembler mit Lade- und Binderoutinen verfügbar, die ein zumindest formular-artiges Programmieren auf Mikroprogrammebene unterstützen. Ein Vertrautsein des Anwenders mit den inneren Strukturen des verwendeten Rechners, also seinen Einzelkomponenten und seinen Datenpfaden, ist beim Einsatz von Mikroprogrammiertechniken jedoch unerläßlich.

4 Datenübertragungssysteme

Der Austausch von Informationen zwischen Rechenanlagen und Geräten ist in der Prozeßdatenverarbeitung von hervorragender Bedeutung. In vielen Anwendungsfällen verbergen sich hinter dem ordnungsgemäß organisierten Ablauf bei der Datenübertragung langwierige und aufwendige Entwicklungsarbeiten mit enormen Anstrengungen zum Erkennen und programmtechnischen Abfangen aller Zustände des Gesamtablaufs, insbesondere dem betriebssicheren Behandeln von Fehlersituationen. In der Vergangenheit waren mit dem Datenaustausch in der Regel auch rein elektronisch orientierte Aufgaben bei der Schnittstellenanpassung zwischen den Anschlußstellen für die Ein-/Ausgabe an den Prozeßrechnern und den Anschlußstellen der Geräte verbunden. Heute steht dem Anwender jedoch ein ganzes Spektrum von Übertragungsstandards mit unterschiedlichen Leistungsmerkmalen, die auf verschiedenen Übertragungsmethoden basieren, zur Verfügung. Nach einigen grundlegenden Bemerkungen zu diesen Organisationsformen sollen einige typische Schnittstellenstandards aufgezeigt werden.

Naturgemäß beeinflussen die Wechselwirkungen zwischen den Hardware-Einrichtungen und den übergeordneten Betriebsprogrammen die für den Anwender sichtbare Leistungsfähigkeit der Datenübertragungseinrichtungen insgesamt in ganz erheblicher Weise. Hier sollen zunächst jedoch lediglich die Hardware-Aspekte zusammen mit wenigen globaleren Überlegungen zum organisatorischen Ablauf behandelt werden.

4.1 Organisationsformen

Bei der Übertragung von Daten unterscheidet man üblicherweise zwischen codierten und nicht codierten Daten. Nicht codierte Daten entsprechen den binären Mustern wie sie im Gerät oder im

Arbeitsspeicher der Rechenanlagen vorliegen. Codierte Daten entsprechen in ihrem Informationsgehalt einer bestimmten Zeichenfolge, beispielsweise einem Telegrammtext oder einem in einer bestimmten Programmiersprache geschriebenen Text. Für die eigentlichen Übertragungstechniken ist diese Unterscheidung jedoch ohne Bedeutung; im Falle der Übertragung codierter Informationen können jedoch bestimmte Sicherungsmechanismen, die sich aus der Kodierungsauswahl ergeben, in die Datenübertragungsgeräte integriert sein (vergleiche Abschnitt 4.2).

Die heute verfügbaren Prozeßrechner unterscheiden sich sowohl in ihrenr Leistungsmerkmalen als auch in den Organisationsformen für die Datenübertragung beträchtlich. In Abschnitt 4.2 sollen deshalb die wesentlichen Merkmale der Ein-/Ausgabe-Schnittstellen einiger gebräuchlicher Rechenanlagen gegenübergestellt werden. Diese Organisationsformen lassen sich jedoch in jedem Falle in eines von drei grundlegenden Konzepten für die Datenübertragung einordnen (Figur 4.1):

- <u>sternförmige Anordnung</u>; die Ein-/Ausgabe-Steuerung verfügt über eine getrennte Datenverbindung zu jedem einzelnen Gerät; die Adressierung des Geräts geschieht in der Ein-/Ausgabesteuerung selbst;
- <u>ringförmige Anordnung</u>; die Geräte sind an einer gemeinsamen Datenleitung angeschlossen; die Ein-/Ausgabe-Steuerung sendet und empfängt alle Signale; die angesprochenen Geräte werden durch Adressinformation selektiert, die über die Ringleitung übertragen werden;
- <u>gemeinsamer Datenpfad</u> (Bus); er enthält während jeder einzelnen Übertragung Daten, Adresse und Steuersignale und ist organisiert wie die in den Abschnitten 3.2 und 3.3 besprochenen Übertragungsanordnungen innerhalb der Prozeßrechner selbst.

Bei allen drei Übertragungsformen ist die Etablierung einer Synchronisierung zwischen den Vorgängen in den angesprochenen Geräten und im Prozeßrechner wesentlich für eine Funktionsfähigkeit der eingesetzten Geräte. Bestandteil der Übertragungsleitungen müssen deshalb grundsätzlich Signale oder Signalgruppen sein, die diese Synchronisierung sicherstellen. Man spricht auch von "Handshake"-Signalen; typische Bezeichnungen sind auch "Reply" bzw. "Reject", "Done", "Ready" und "Sync", wobei je nach Rechnerimplementierung zusätzliche Zustandsinformationen die Synchronisierungssignale ergänzen (Figur 4.2).

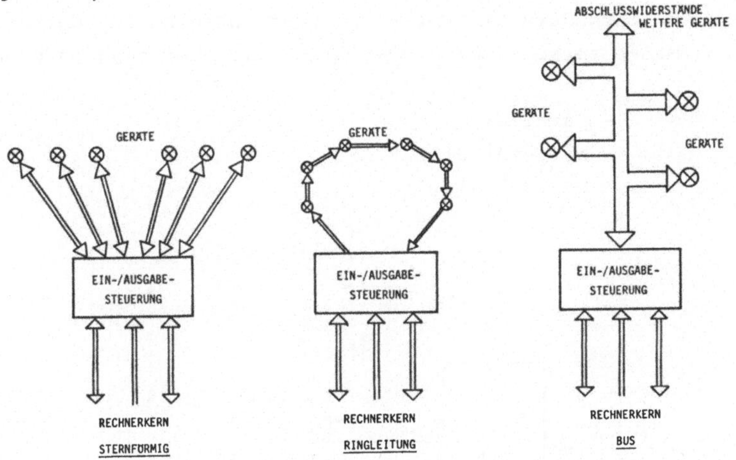

Figur 4.1: Organisationsformen der Datenübertragung zwischen der Ein-/Ausgabe-Steuerung des Prozeßrechners und den angeschlossenen Geräten.

Üblicherweise sind die Daten bei der Übertragung in bestimmten Einheiten, den Übertragungsworten, organisiert. Je nach Anwendung und nach eingesetztem Rechner kann diese Wort-Einheit unterschiedlich lang sein. Bei einem Analog-Digital-Wandler mit einer Genauigkeit von besser als einem Promille besteht das Wort in der Regel aus 12 Bit; bei höheren Genauigkeitsanforderungen werden 16 Bit Analog-Digital-Wandler eingesetzt. Bei Zählerexperimenten in der Hochenergie- und Kernphysik muß das Zählervolumen in vielen Fällen aus statistischen Gründen mindestens zwischen zehn- und einhunderttausend liegen, die eingesetzten Binär-Zähler verfügen deshalb meist über 16 oder 24 Bit Zählvolumen. Bei hohen Geschwindigkeitsanforderungen wird also versucht werden müssen, die Einzeldaten in ihrer Gesamtheit zwischen Rechner und Gerät zu übertragen. In anderen Fällen ist entweder die Wortlänge geringer oder die Worte können in kleinere, getrennt übertragene Elemente zerlegt werden. Aus ökonomischen Gründen wird man solchen Techniken besonders im Falle größerer Entfernungen den Vorzug geben. Man unterscheidet in der Regel die Übertragungsformen:

- parallel,
- byte-seriell,
- bit-seriell.

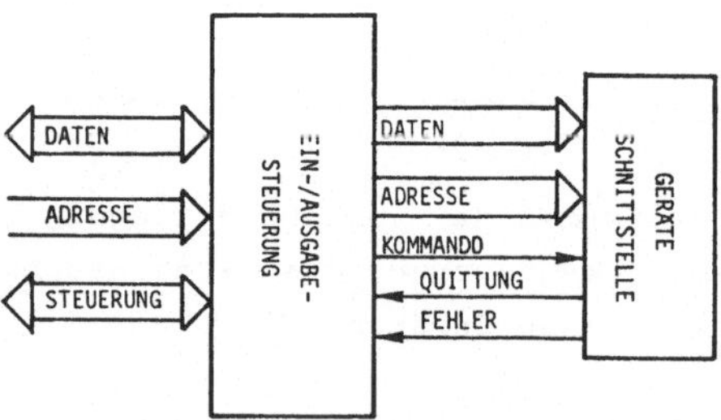

Figur 4.2: Synchronisierungssignale bei der Datenübertragung; im Falle sternförmiger Adressierung ist die Adressleitung zwischen der Ein-/Ausgabe-Steuerung und der Geräteschnittstelle lediglich eine Auswahlleitung.

Bei der parallel organisierten Übertragungstechnik werden die
Worte in ihrer Gesamtheit zwischen Rechner und Gerät übertragen. Im byte-seriellen Falle werden die Worte in Einzelelemente einer bestimmten Länge (heute versteht man unter
einem Byte in der Regel eine Anordnung von 8 Bits) zerlegt,
einzeln übertragen und am Empfangsort wieder zum ursprüng-
lichen Wert zusammengesetzt. Bei der Bit-seriellen Übertragung
werden die Daten in ihrer Gesamtheit vollständig serialisiert
und am Empfangsort wieder zusammengesetzt. Diese dabei verwendeten Techniken werden in Figur 4.3 und 4.4 erläutert.

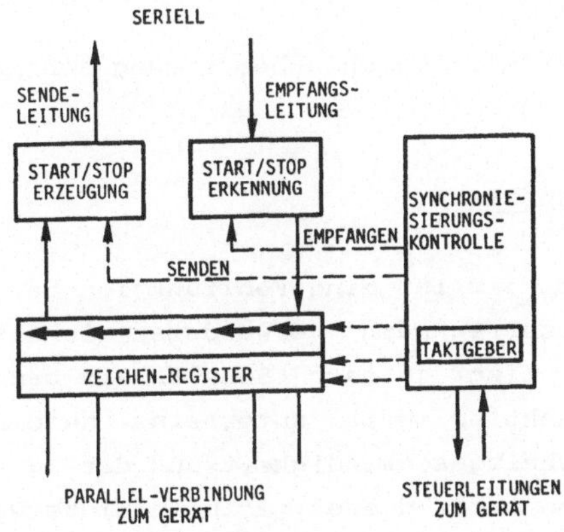

<u>Figur 4.3</u>: Schnittstellenwandler für bit-serielle Datenüber-
tragung.

Die serielle Übertragungsform bietet insbesondere dann Vorteile, wenn größere Entfernungen zwischen dem Aufstellungsort
des Prozeßrechners und den Geräten unter Kontrolle des Prozeßrechners zu überbrücken sind. Es ist jedoch evident, daß
grundsätzlich höhere Übertragungsgeschwindigkeiten mit
parallel arbeitenden Techniken zu erreichen sind. Der Zeitauf-
wand für das Serialisieren und das anschließende Paralleli--
sieren spielt dabei nur eine untergeordnete Rolle; wesentlicher ist die durch die Serialisierung bedingte Reduktion in
der technisch eigentlich erreichbaren Übertragungskapazität.

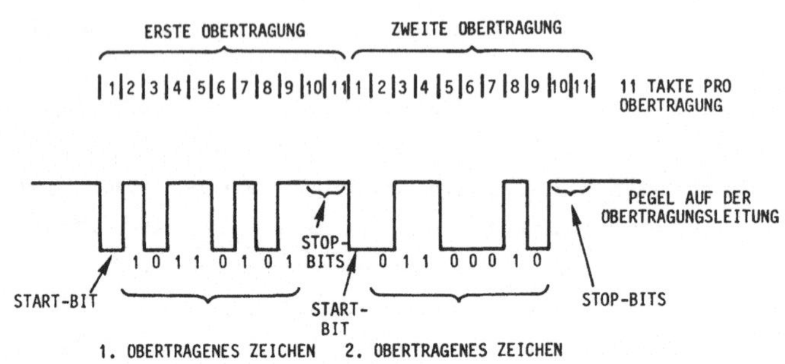

Figur 4.4: Bit-serielle Zeichenübertragung schematisch.

4.2 Sicherheitsaspekte

Die Wahrscheinlichkeit für eine Fehlfunktion der heute für den
Aufbau von Prozeßrechnern verwendeten Schaltelemente ist
extrem klein und liegt je nach Schaltkreis bezogen auf die
einzelne Schaltfunktion weit unter eins zu einer Milliarde.
Bei der hohen Schaltgeschwindigkeit und der großen Zahl von
Komponenten können trotz dieser geringen Einzelwahrscheinlich-
keiten relativ häufig Fehler oder Fehlfunktionen auftreten,
die, wenn sie nicht erkannt und behoben werden, zu einer
empfindlichen Störung für die zu lösende Aufgabe werden können
oder den Einsatz von Rechenanlagen sogar unmöglich machen
würden. In den Rechenanlagen selbst sind heute deshalb eine
Reihe von Mechanismen zur selbsttätigen Fehlererkennung und
Fehlerkorrektur enthalten, die ein hohes Maß an Zuverlässigkeit garantieren. Solche Verfahren sind auch für die
Datenübertragung zwischen Prozeßrechnern und Geräten
essentiell. Leider verfügen die heute gebräuchlichen Standards
für die Datenübertragung in einer Reihe von Fällen nicht über
das mögliche und bei den Anwendungen erforderliche Maß an
Sicherheit. Der Anwender muß sich deshalb auch bezüglich

dieser Aspekte sorgfältig mit den Vorteilen einzelner Lösungs-
wege auseinandersetzen.

Zur Sicherung von gespeicherten oder übertragenen Informationen erweitert man die Daten um zusätzliche Informationen, die nicht zu den eigentlich zu vermittelnden Daten
gehören. Man bezeichnet sie auch als redundante Information.
Diese Erweiterungen werden von den Sendern nach bestimmten
Algorithmen errechnet; der Empfänger führt den gleichen Be-
rechnungsmechanismus durch und vergleicht das Ergebnis seiner
Berechnung mit der übermittelten Sicherungsinformation.
Gleichheit ist identisch mit Fehlerfreiheit. Diese Methode und
ihre Funktionsfähigkeit in der Praxis beruhen alleine auf der
multiplikativen Verknüpfung nicht korrelierter Wahrscheinlich-
keiten. Ist die Wahrscheinlichkeit für das Auftreten einer bestimmten Fehlersituation, beispielsweise "0" statt "1" auf
einer von acht Leitungen eins zu einer Milliarde, so ist die
Wahrscheinlichkeit für das gleichzeitige Eintreffen der
gleichen Fehlersituation auf zwei Leitungen eins zu zehn hoch
achtzehn. Bei einer mittleren Übertragungsgeschwindigkeit von
100.000 Zeichen pro Sekunde würde also die erste Situation
(eine Leitung hat Fehler) im Mittel jeweils nach 2.7 Stunden
auftreten; die Situation, daß der genannte Fehler gleichzeitig
an zwei Leitungen vorliegt, tritt jedoch im Mittel nur alle
40.000 Jahre auf. Es kann deshalb davon ausgegangen werden,
daß er praktisch nicht vorkommt.

Aus ökonomischen Überlegungen wird der Aufwand für die Datensicherung bei den üblichen Übertragungsstandards auf ein Mini-
mum des Erforderlichen limitiert. Man unterscheidet zwischen
Techniken, die im Falle eines erkannten Übertragungsfehlers
eine Wiederholung der Übertragungsoperation einleiten und
solchen, die eine selbsttätige Korrektur ermöglichen. Die
heute üblichen Schnittstellen in der Prozeßdatenverarbeitung
verzichten in der Regel jedoch auf selbsttätig korrigierende

Techniken; eine ausführliche Behandlung an dieser Stelle erübrigt sich deshalb. Bei den Fehlererkennungstechniken unterscheidet man zwischen

- der Sicherung des einzelnen Elementes der Übertragung
  durch Erzeugung eines zusätzlichen Paritäts-Bits (Querparität) und
- der Sicherung einer Element-Gruppe der Übertragung durch
  Erzeugung zusätzlicher Summenwerte (Längsparität).

Beide Sicherungstechniken werden in den Figuren 4.5 und 4.6
erläutert. Im Beispiel in Figur 4.5 wird für jedes zu
übertragende Zeichen vom Sender in einer als Paritätsgenerator
bezeichneten Komparatorschaltung eine Paritätsinformation erzeugt. Der Empfänger verfügt über die gleiche Komparatorschaltung und verwendet einen zusätzlichen Komparator für den
Vergleich zwischen übermittelter und empfangener Parität. Bei
Ungleichheit kann eine Fehlersituation, beispielsweise durch
Erzeugen eines Unterbrechungssignals an die überwachenden
Kontrollprogramme, mitgeteilt werden. Je nach Gerät kann dann
eine Wiederholung der Übertragung initiiert werden oder es
können Mitteilungen an die Geräteaufsicht gegeben werden.

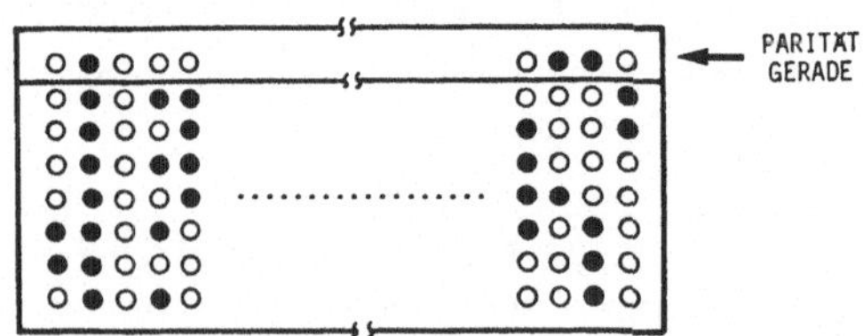

<u>Figur 4.5</u>: Zeichenfolge mit Sicherung der einzelnen Elemente
durch Erzeugung eines geraden Paritäts-Bit. Die
eigentlichen Daten bestehen jeweils aus den unteren
sieben Bit.

Das Beispiel aus Figur 4.6 enthält neben dem Paritäts-Bit in jedem Element auch noch ein Summenwort, das durch Addition aller Elemente im Datenblock entstanden ist. Dieses Summenwort kann auch zu einer einfachen Längsparität schrumpfen, die in gleicher Weise erzeugt und überprüft wird wie im Falle der Querparität. Die Verwendung eines Summenwortes bietet jedoch erheblich mehr Sicherheit. Das in Figur 4.6 schematisch erläuterte Verfahren entspricht dem Mechanismus zur Sicherung von Informationen auf Magnetbändern heutiger Technologie; es wird aus ökonomischen Gründen in dieser Form bei Datenübertragung zu Geräten in der Prozeßdatenverarbeitung in der Regel nicht eingesetzt; es wurde jedoch zum besseren Verständnis der Sicherungsmöglichkeiten herangezogen.

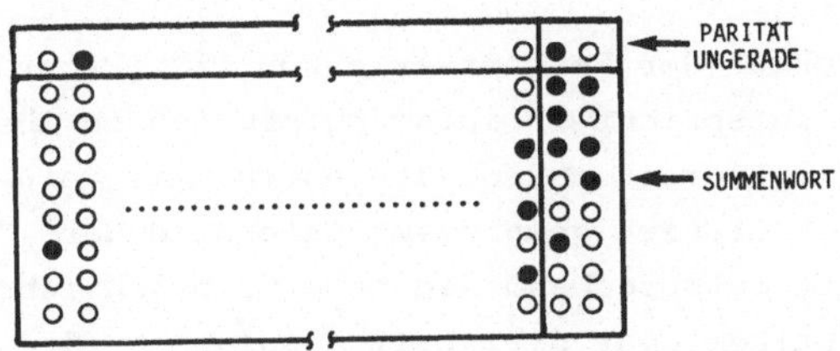

Figur 4.6: Zeichenfolge mit Sicherung der einzelnen Elemente durch Erzeugung eines ungeraden Paritäts-Bit für jedes Übertragungselement und eines Summenwortes für den gesamten Datenblock. Mit dieser Sicherung können ein- und zwei-Bit-Fehler für jedes einzelne Übertragungselement erkannt und ein-Bit-Fehler können ohne Wiederholung der Übertragung korrigiert werden.

4.3 Ein-/Ausgabe-Schnittstellen bestimmter Rechenanlagen

Der Anwender in der Prozeßdatenverarbeitung sieht sich immer wieder der Problematik einer schalttechnischen Verbindung zwischen Geräten seines Aufgabenkreises und eingesetzten

Prozeßrechnern ausgesetzt. In der jüngeren Vergangenheit sind zwar eine Reihe von Schnittstellenstandards entwickelt worden, auf die im Abschnitt 4.4 eingegangen wird. In bestimmten Fällen kann es jedoch sowohl aus ökonomischen als auch technischen Gründen erforderlich sein, unmittelbar auf die Ein-/Ausgabe-Schnittstellen der Rechenanlagen zurückzugreifen. Es sollen deshalb in pragmatischer Weise einige typische Schnittstellen vorgestellt werden. Die dabei ausgewählten Rechenanlagen sollen jeweils repräsentativ für andere ähnlich aufgebauten Prozeßrechner stehen.

4.3.1 Digital Equipment PDP11 UNIBUS

Die Architektur der Rechnerserie PDP 11 (Programmable Digital Processor) entspricht in ihrem Aufbau den in Abschnitt 3.2 und Figur 3.2 erläuterten Prozeßrechnern mit einem gemeinsamen Datenpfad. Dieser gemeinsame Datenpfad der "UNIBUS" (Figur 4.7) verfügt entsprechend den bereits beschriebenen Funktionscharakteristiken über drei Leitungsgruppen für:

- Datenübertragung
- Adressenbestimmung
- Steuersignale.

Physisch besteht der UNIBUS aus einem 120-adrigen Flachbandkabel, von dem 56 als Signalleitungen benutzt werden; die restlichen 64 Leitungen sind auf Masse gelegt und befinden sich alternierend zwischen den Signalleitungen. Im einzelnen setzt sich der UNIBUS aus den nachfolgend aufgezählten Signalträgern zusammen:

- 18 Adressleitungen zur Definition der Zieladresse
  einer Datenübertragung; dies kann sowohl der Arbeitsspeicher als auch ein peripheres Gerät sein;

- 16 Datenleitungen;
- 2 Paritätsleitungen zur Sicherung der übertragenen Daten;
- 2 Erkennungssignale zur näheren Identifizierung der Übertragungsart; diese beiden Signalleitungen können bestimmte Funktionen in den beteiligten Komponenten auslösen;
- 8 Kontrolleitungen für die Synchronisierung des Datenaustausches und die Übermittlung von Zustandinformationen;
- 5 Signalleitungen für die Unterbrechungsauswahl;
- 5 Signalleitungen für die Zuteilung des UNIBUS.

51 der UNIBUS-Leitungen sind bidirektional; die fünf Signalleitungen für die Zuteilung des UNIBUS sind unidirektional. Bei 18 Adressleitungen können wegen der Möglichkeit auch einzelne Halbworte (Bytes) mit 8 Bits zu adressieren, insgesamt 128 K 16-Bit-Worte angesprochen werden; diese 128 K sind in vier Blöcke mit je 32 K unterteilt; jeweils 4 K dieser 32 K-Blöcke sind als Adressen für die Ein-/Ausgabe reserviert.

Eine einheitliche Unterbrechungstecnik wird erreicht durch eine feste Zuordnung zwischen Adresse der peripheren Geräte und zwei bestimmten Arbeitsspeicherplätzen (Interrupt-Vektor). Diese beiden Worte enthalten das anzustoßende Prozessor-Status-Wort mit der Start-Adresse des anzusprechenden Programms. Die Möglichkeiten zur Bildung von Prioritätsketten innerhalb der von der Rechnerarchitektur vorgegebenen Prioritätsebene wird in Figur 4.9 erläutert. Bei der großen Anzahl möglicher Teilhaber an einem UNIBUS kann nur ein strenges Handshake-Protokoll einen gesicherten Informationsaustausch gewährleisten. Deshalb wird für jede UNIBUS-Übertragung eine eindeutige Master-Slave Beziehung hergestellt. Figur 4.8 gibt den zeitlichen Ablauf auf dem UNIBUS vereinfacht wieder.

Der UNIBUS zeichnet sich durch Übersichtlichkeit und eine damit verbundene leichte Erfassbarkeit aus. Für den Anwender in
der Prozeßdatenverarbeitung ist dies ein wesentlicher Vorteil;
im Falle spezieller Schnittstellenprobleme lassen sich auch
komplexere technische Aufgabenstellungen relativ einfach
lösen. Es muß jedoch auch klar gesehen werden, daß von allen
peripheren Geräten aus über den UNIBUS eine Zugangsmöglichkeit
direkt zum Schaltzentrum des Prozeßrechners besteht, der auch
eine Reihe von Stabilitätsrisiken mit sich bringt.

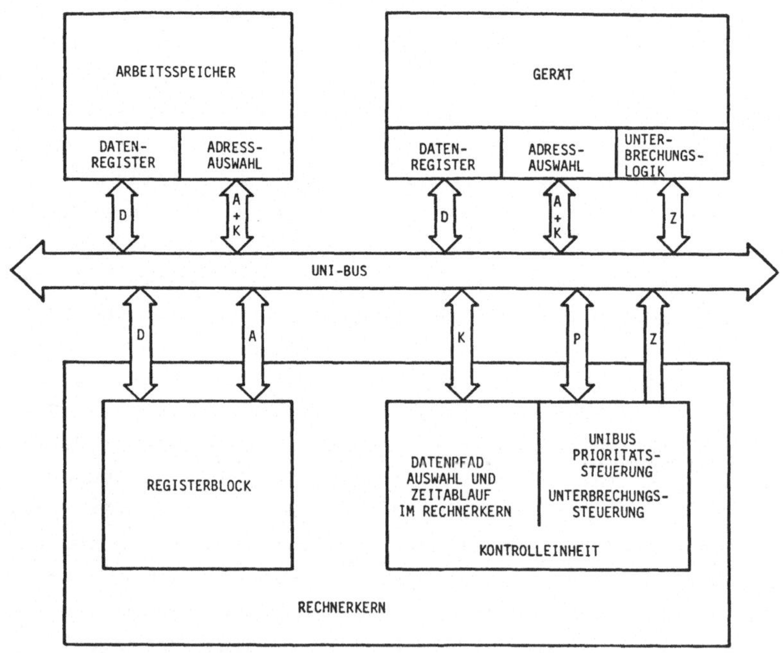

<u>Figur 4.7</u>: PDP-11 UNIBUS

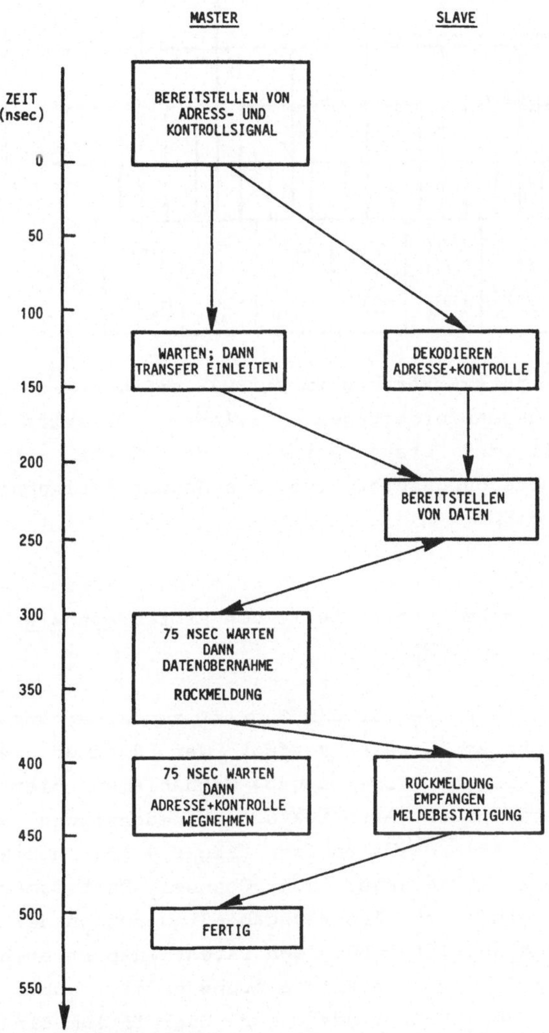

Figur 4.8: Zeitliches Ablaufschema für eine Übertragung auf dem UNIBUS.

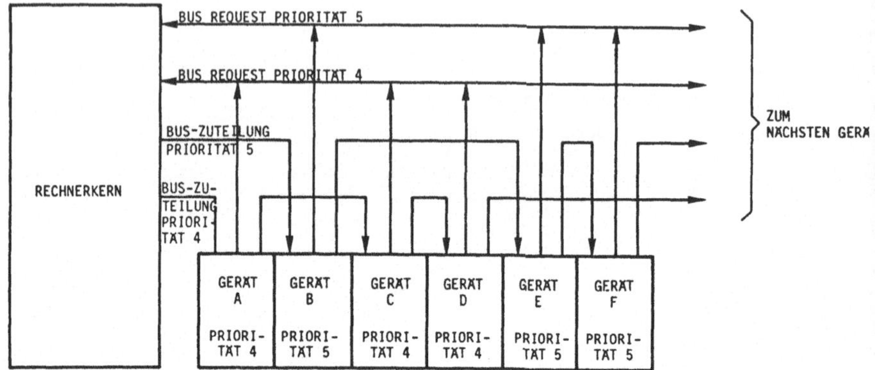

Figur 4.9: Prioritätsverkettung im UNIBUS; bei mehreren Unter-brechungsanforderungen gleicher Prioritätsstufe erhält das erste Gerät in der Kette mit einer Unterbrechungsanforderung die Zugriffserlaubnis auf den UNIBUS.

4.3.2 Die Ein-/Ausgabe-Schnittstelle des Prozeßrechners Hewlett Packard 21MX

Über getrennte Datenpfade für den Zugriff zum Arbeitsspeicher und zu den peripheren Geräten verfügt der Rechner Hewlett Packard 21 MX, dessen Ein-/Ausgabe-Mechanismen hier als typischer Vertreter dieser Architekturform beschrieben werden sollen. Zum Ein-/Ausgabe-Datenpfad (Figur 4.10) haben die Rechnerkomponenten Rechnerkern, Dual Channel Port Controller (DCPC) und die einzelnen Ein-/Ausgabe-Steuerungen der ange-schlossenen Geräte Zugriff. Für den Datentransport stehen 16 Leitungen zur Verfügung; die Adressierung erfolgt über sechs Adressleitungen, den "Selectcode". Der Zugriff zum Ein-/Aus-gabe-Datenpfad wird von der Kontrolleinheit im Rechnerkern ko-ordiniert. Ein Datenübertragungsprozeß kann entweder unter direkter Kontrolle des Rechnerkerns erfolgen, wobei die Über-

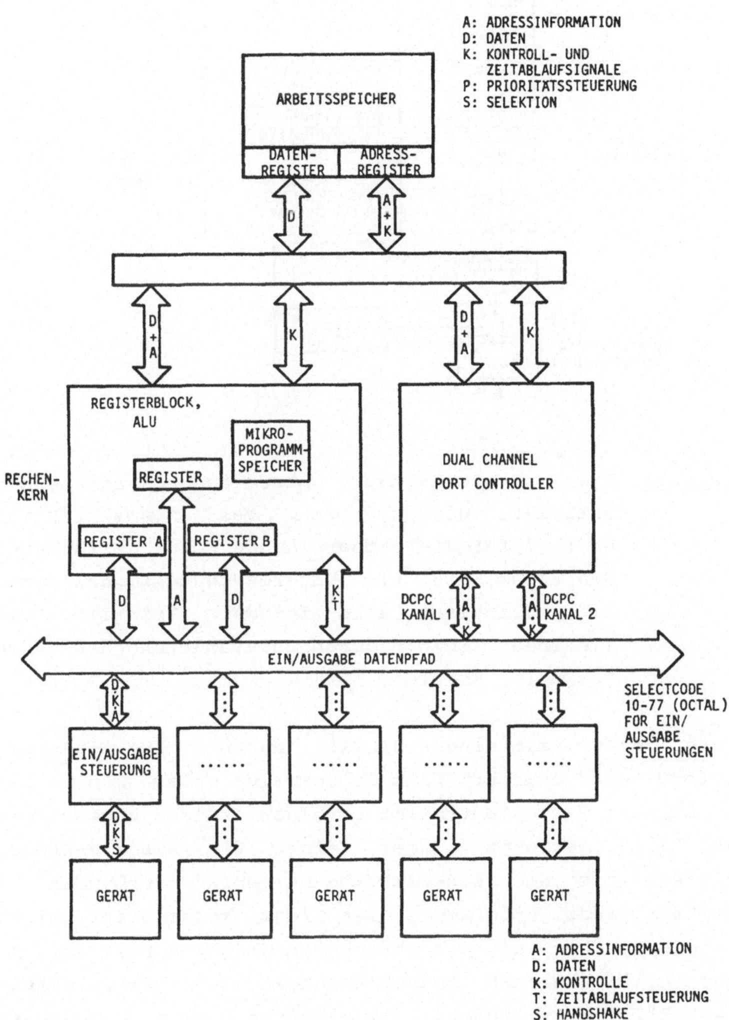

Figur 4.10: Strukturdiagramm Hewlett-Packard HP21MX.

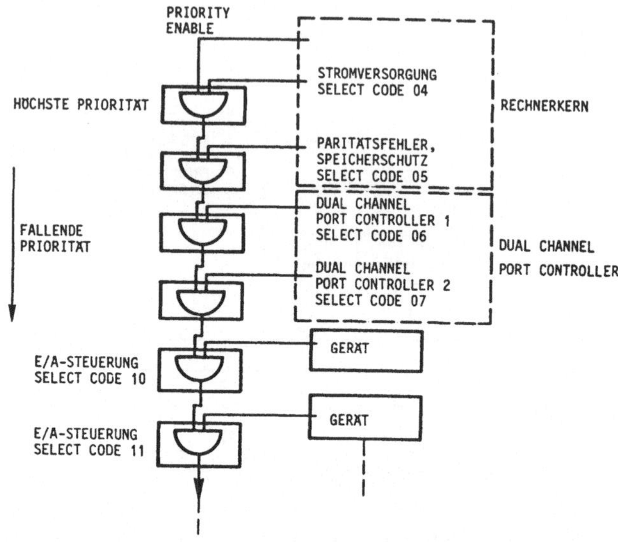

Figur 4.11: Prioritätsverkettung; Unterbrechungssignale können aktiviert werden, wenn das Signal "Priority Enable" für die entsprechende Ebene verfügbar ist; die Ebene, die ein Unterbrechungssignal erzeugt hat, blockiert alle in der Priorität tiefer liegenden Ebenen durch Unterdrückung des Signals "Priority Enable".

tragung jedes einzelnen Wortes durch eine Instruktion initiiert wird oder er kann blockweise unter Kontrolle des Dual Channel Part Controller erfolgen. Jedes angeschlossene Gerät ist getrennt über eine Ein-/Ausgabe-Steuerung (Interface) mit dem Ein-/Ausgabe-Datenpfad verbunden. Die Priorität eines Programmes ist fest korrelliert mit dem Select-Code, über den die peripheren Geräte adressiert werden (Figur 4.11). Werden Unterbrechungen durch Aktivieren des Signals "Priority Enable" zugelassen, kann jedes angeschlossene Gerät eine Unterbrechung erzeugen, sofern das Signal "Priority Enable" die zugehörige Ein-/Ausgabe-Steuerung

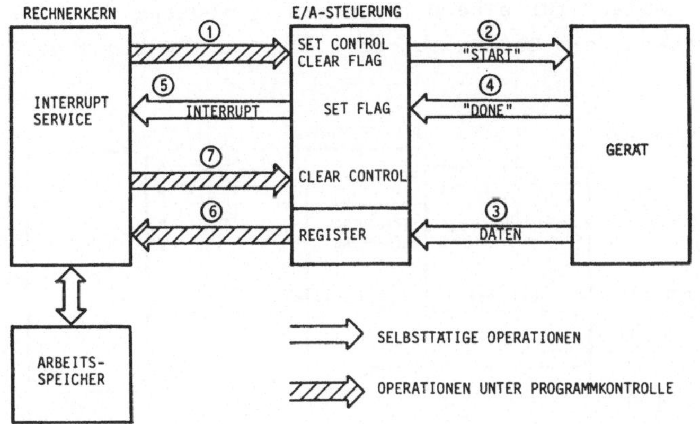

<u>Figur 4.12</u>: Datenerfassung beim Rechner HP21MX; die eigentliche Datenaufnahme erfolgt nach Programmaufruf durch ein Unterbrechungssignal; die Ziffern geben die Reihenfolge der Operationen an.

erreicht; das Signal wird von einer Ein-/Ausgabe-Steuerung unterbrochen, sobald von ihr selbst ein Unterbrechungssignal erzeugt wird; Geräte, die in der Prioritätenkette nachfolgen, haben deshalb keine Möglichkeit, Unterbrechungssignale zu erzeugen, solange die Programmkontrolle der betreffenden Ein-/Ausgabe-Steuerung zugeordnet ist.

Bei der Datenübertragung unter direkter Kontrolle des Rechnerkerns wird der Ablauf in der Ein-/Ausgabe-Steuerung durch die Zustandsindikatoren "Control" und "Flag" synchronisiert (Figuren 4.12 bis 4.14). Wird "Control" gesetzt, so generiert die Ein-/Ausgabe-Steuerung ein "Start" Signal für das Gerät, das seinerseits mit einem "Done" quittiert. "Done" setzt "Flag" in der Ein-/Ausgabe-Steuerung, in dessen Folge ein Unterbrechungssignal beim Rechnerkern erzeugt werden kann, wenn diese schalttechnische Variante gewählt wurde. "Flag" kann jedoch auch unter Programmkontrolle abgefragt werden. Der

zyklische Ablauf für eine Datenerfassungssequenz ist in Figur
4.12 erläutert; ein Datenausgabezyklus wird in Figur 4.13 beschrieben.

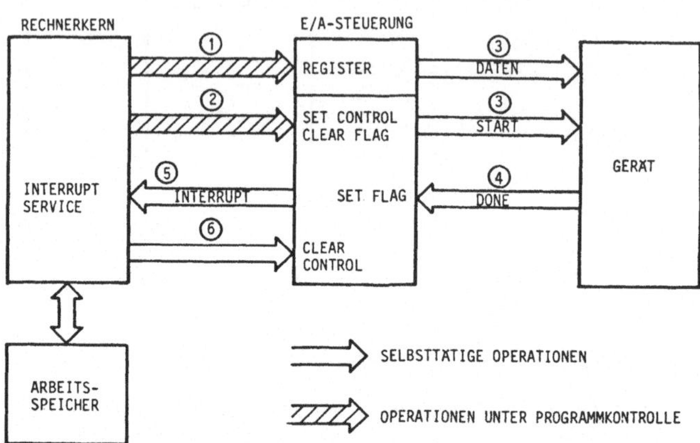

<u>Figur 4.13</u>: Datenausgabe beim Rechner HP21MX; sie wird unter
unmittelbarer Programmkontrolle durchgeführt; der
Ablauf wird über ein Unterbrechungssignal
kontrolliert; die Ziffern geben die Reihenfolge
der Einzeloperationen an.

Bei einer Datenübertragung unter Kontrolle des Dual Channel
Port Controller (DCPC) erfolgt der eigentliche Datentransfer
ohne Einschaltung des Rechnerkerns direkt zwischen
Ein-/Ausgabe-Steuerung bzw. DCPC. Vom Rechnerkern werden dem
DCPC Startadresse, Blocklänge und zugehörende Steuerinfor-
mation mitgeteilt. Die Synchronisierungssignale für "Control"
und "Flag" werden jedoch direkt von DCPC erzeugt. Die
Schnittstellen zur Ein-/Ausgabe-Steuerung und zum Gerät selbst
sind unverändert. Der Gesamtablauf für eine Datenübertragung
unter Kontrolle des Dual Channel Port Controller wird in Figur
4.14 erläutert.

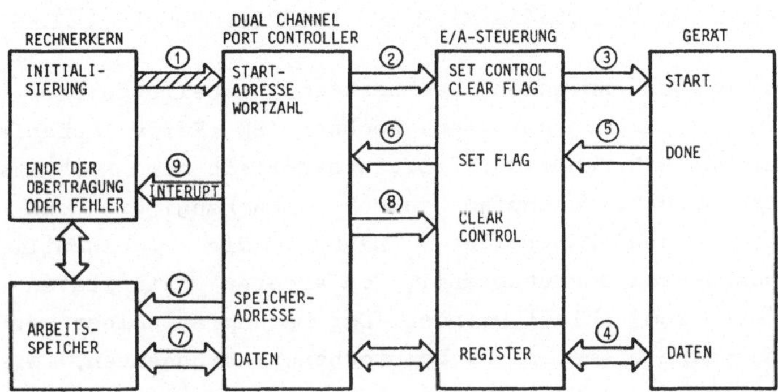

Figur 4.14: Gepufferter Datenverkehr beim Rechner HP21MX; die Datenübertragung erfolgt unter Kontrolle des "Dual Channel Port Controller", der die Informationen über Speicheradresse und Blocklänge verfügbar hat; die Ziffern geben die Reihenfolge der Einzeloperationen für eine Datenübertragung vom Gerät zum Arbeitsspeicher an; die Sequenz '2' bis '6' wird unter Kontrolle des DCPC für jedes einzelne Wort zyklisch wiederholt, bis die vorgesehene Wortzahl erreicht ist.

Die in diesem Abschnitt erläuterte Ein-/Ausgabe-Architektur ist vom Anwender sehr einfach zu übersehen. Die Handshake-Signale sind klar und unkompliziert und die einfachen Mechanismen werden den meisten Anwendungen in der Prozeßdatenverarbeitung gerecht. Bei komplexeren Anwendungen können jedoch die begrenzten Möglichkeiten zum gepufferten Datenverkehr unter Kontrolle des Dual Channel Port Controller für nur maximal zwei Geräte unüberwindbare Leistungsbarriere sein.

4.3.3 Ein-/Ausgabeschnittstelle des Prozessrechners IBM Serie/1

Die Verbindungen zwischen Rechnerkern, Arbeitsspeicher und
Peripherie verlaufen bei dem Rechner IBM Serie/1 ebenfalls
über getrennte Datenpfade. Organisatorisch sind Rechnerkern
und Ein-/Ausgabe-Datenpfad jedoch unabhängiger und die
separate Kanal-Kontrolle kann die eigentlichen
Ein-/Ausgabe-Prozesse unabhängig von anderen Aktivitäten des
Rechnerkerns zum Ablauf bringen. Der Datenpfad selbst verfügt
über eine Reihe bisher nicht besprochener Komponenten, die im
Spezialfalle auch für Anwendungen mit höheren Leistungsanforderungen oder bestimmten Funktionscharakteristiken geeignet sind.

Ein vereinfachtes Strukturdiagramm des Rechners Serie/1 wird
in Figur 4.15 angegeben. Der Zugriff zum Arbeitsspeicher vom
Rechnerkern und über den "Cycle Steal Adapter" sind organisiert, wie es bereits mehrfach diskutiert wurde; allerdings
wird der Speicherzugriff des "Cycle Steal Adapter" der Serie/1
im Gegensatz zu anderen Rechnern nicht über den
"Prozessor-Bus" organisiert; die Kommunikation wird über
direkte Signalleitungen zwischen Rechnerkern und "Cycle Steal
Adapter" realisiert. Der Rechnerkern ist mikroprogrammiert;
die Mikroprogrammebene ist dem Anwender jedoch nicht zugänglich. Die Architektur des Rechnerkerns bietet 16
Prioritätsebenen an, die alle über einen vollständigen
Registersatz mit jeweils 8 Arbeitsregistern, einem Programmzählregister, einem Zustandsregister und einem Speicherschutz-
register ausgestattet sein können. In den gegenwärtig (1980)
erhältlichen Prozessoren sind jedoch nur vier der möglichen 16
Ebenen implementiert. Die Ein-/Ausgabe-Operationen werden über
"Operate I/O"-Instruktionen angestoßen, ohne daß die Register
der vier bzw. maximal 16 Registerblöcke im Rechnerkern zur Bearbeitung herangezogen werden. Der Adressteil der "Operate
I/O"-Instruktion verweist auf eine Sequenz von Kontrollworten

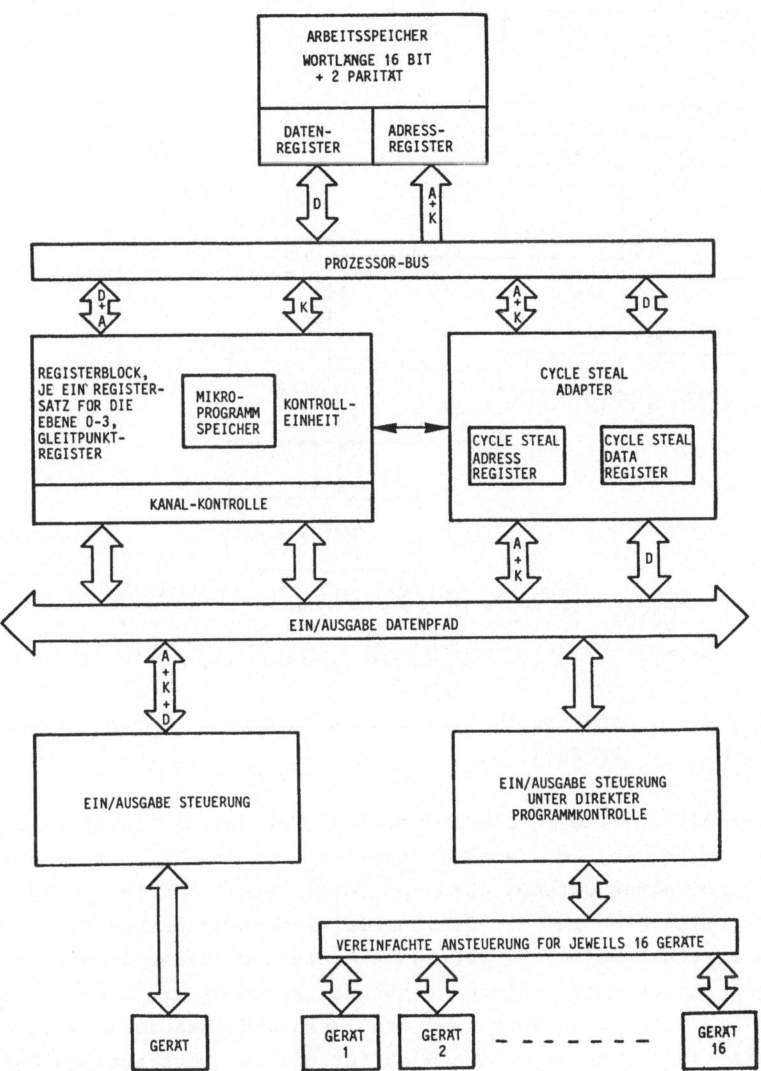

<u>Figur 4.15</u>: Strukturdiagramm IBM Serie/1

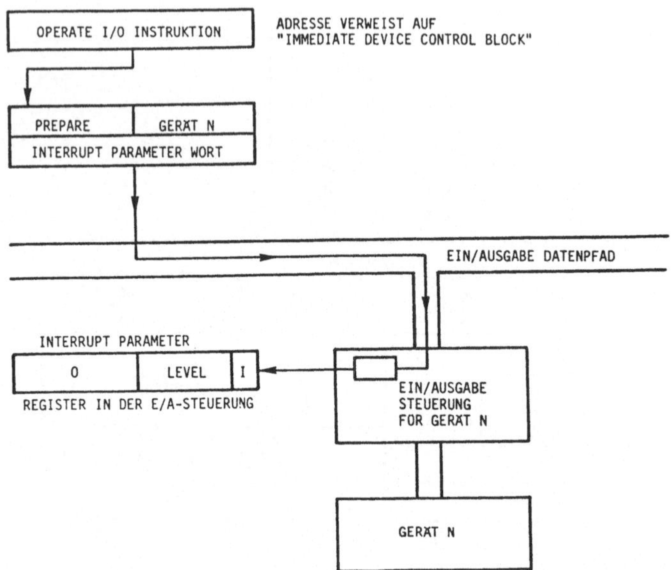

<u>Figur 4.16</u>: Dynamische   Prioritätszuordnung   beim   Rechner
IBM Serie/1.

im Arbeitsspeicher, die im weiteren Verlauf der Instruktionsausführung von der Kanal-Kontrolle oder im Falle der Übertragung eines Datenblockes vom "Cycle Steal Adapter" und den
Kontrollgeräten in der Peripherie interpretiert werden. Für
die Instruktion zur Übertragung einzelner Daten werden zwei
Maschinenworte im Speicher benötigt, wovon einer je zur Hälfte
für die Übertragungsart und die Geräteadresse zur Verfügung
steht, während das zweite Wort für die zu übertragenden Daten
bereitsteht. Bei der Übertragung von Datenblöcken über "Cycle
Steal" besteht der Kontrollblock aus insgesamt acht Maschinen-

worten für gerätespezifische Informationen sowie die Speicheradresse und die Blocklänge des zu übertragenden Datenblocks.

Die Arbeitsweise des Ein-/Ausgabe-Vorgangs wird in Figur 4.16 erläutert, die ebenfalls den Mechanismus der Prioritätszuordnung von Unterbrechungssignalen eines angeschlossenen Gerätes beschreibt. Die Definition der Vorrangstufe über die dynamische Zuordnung einer Registerinformation bietet ein besonderes hohes Maß an Flexibilität auch bei sehr umfangreichen Anwendungen; besonders interessant sind diese Funktionsmerkmale dann, wenn es die Betriebsabläufe erfordern, daß die Vorrangebenen bestimmter Anwendungen sich zeitlich oder unter bestimmten Gegebenheiten verändern.

Der Ein-/Ausgabe-Datenpfad besteht aus insgesamt 81 Signalleitungen für Datenübertragung, Adressendefinition und Steuerleitungen. Im einzelnen setzt sich der Datenpfad wie folgt zusammen:

- 16 Adressleitungen; sie definieren die Zieladresse
  einer Datenübertragung; das kann sowohl ein peripheres
  Gerät als auch der Arbeitsspeicher sein;
- 18 Datenleitungen;
- 16 Anforderungsleitungen, die bei Unterbrechungssignalen
  die Vorrangstufe an den Prozessor übermitteln;
- 8 Signale zur Synchronisierung der Informationsübertragung;
- 23 Signale zur näheren Identifizierung der Übertragungsart und des Maschinenzustandes.

Für einfachere Anwendungen können Geräte auch über standardisierte Schnittstellenwandler an den Ein-/Ausgabe-Datenpfad angeschlossen werden, die nur eine Teilmenge der Signalleitungen bedienen. Solche zum Geräteprogramm gehörende Schnittstellenwandler können mit 27 oder 47 Signalleitungen auskommen; allerdings können dann nur bestimmte eingeschränkte Übertragungsmechanismen in Anspruch genommen werden.

4.4 Rechnerunabhängige Schnittstellenstandards

Die Entwicklung einer Schnittstelle, im angelsächsischen "Interface", zwischen dem eingesetzten Prozeßrechner und dem anzusteuernden Gerät war in Frühphase der Prozeßdatenverarbeitung eine der schwierigsten Aufgaben, die der Anwender zu lösen hatte. Mit solcher Problematik wird der Laborfachmann nicht mehr konfrontiert, seitdem mehrere Schnittstellenstandards mit unterschiedlichen Leistungscharakteristiken verfügbar sind und Hersteller von Prozeßrechnern und Geräten die Anschlußmechanismen auf sie abstimmen. Im aktuellen Anwendungsfalle stellt sich jedoch heraus, daß die Standardisierung trotzdem immer noch gewisse, wegen des breiten Einsatzspektrums notwendige Variationsmöglichkeiten offen läßt, die eine Beherrschung klassischer "Interface-Probleme" erfordert. Der Anwender in der Prozeßdatenverarbeitung muß aus diesem Grund in jedem Fall mit den Funktionsmerkmalen "seines" Schnittstellenstandards vertraut sein. Deshalb sollen die Arbeitsprinzipien der gegenwärtig am meisten verbreiteten Schnittstellenstandards in den folgenden Abschnitten schematisch erläutert werden.

4.4.1 CAMAC

CAMAC steht als Abkürzung von "Computer Aided Measurement and Control" und wurde vom ESONE-Komitee der Europäischen Forschungszentren gemeinsam mit dem US-amerikanischen NIM-Komitee entwickelt und festgelegt. CAMAC ist ein modulares System zum Datenaustausch, das von der Signalübertragung über Stromversorgung und Steckerspezifikation bis hin zu den ver-

wendeten Schrauben und Blechstärken in allen Einzelheiten
fixiert ist. Heute verfügt fast jeder Prozeßrechner über einen
CAMAC-Anschluß und viele Hersteller von Meßgeräten oder
Computerperipherie verwenden CAMAC zur Verbindung mit den
eingesetzten Rechnern.

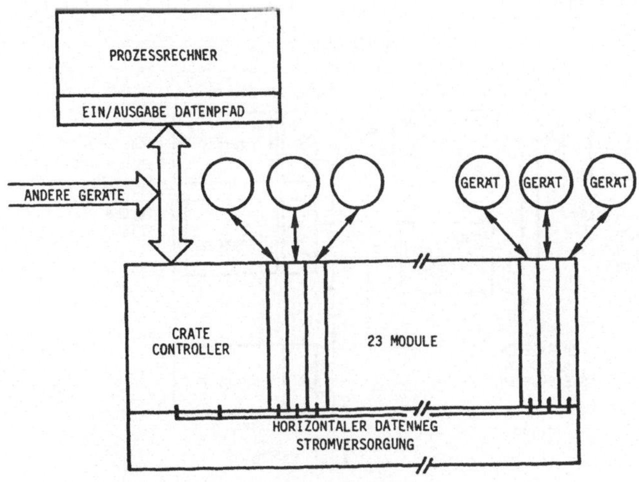

<u>Figur 4.17:</u>CAMAC-Anordnung schematisch.

Wesentliches Element von CAMAC ist das "Crate", ein Gehäuse,
das 25 "Modulen" Platz bietet. Das Crate kann je nach Anwendung mit Modulen unterschiedlicher Funktions- und
Leistungscharakteristika bestückt werden. Die Module innerhalb
des CAMAC-Crates kommunizieren über den "horizontalen Datenweg", angelsächsisch "Dataway" oder "Data-Highway", der die
Module auch mit den standardisierten elektrischen Spannungen
versorgt (Figur 4.17). Die Steuerfunktionen innerhalb des
"Crates" übernimmt der "Crate-Controller". Er kann direkt mit
dem Ein-/Ausgabe-Datenpfad des eingesetzten Rechners verbunden
sein. Bis zu sieben solcher "Crates" können über einen
"vertikalen Datenweg" an einen Rechner angeschlossen werden
(Figur 4.18) und bis zu 62 Crates können über den "seriellen

Datenweg" mit einem Rechner verbunden werden (Figur 4.19).
Alle drei Varianten unterscheiden sich nur durch die
Kommunikationsmechanismen mit dem Prozeßrechner und die
erreichbare Datenübertragungsrate; die gerätespezifische Seite
und der horizontale Datenweg bleiben von der Übertragungsart
zum Rechner unberührt.

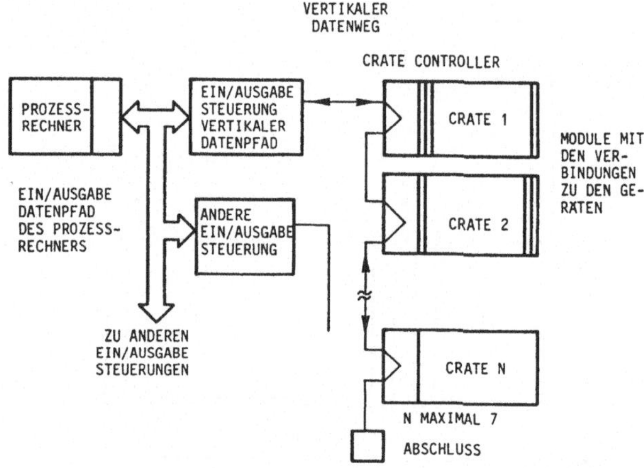

Figur 4.18: CAMAC-Anordnung mit vertikalem Datenweg.

Die Einsatzmöglichkeiten von CAMAC sind nicht auf den Anschluß
von Geräten über eine standardisierte Schnittstelle begrenzt.
Spezielle Systeme integrieren den Prozeßrechner in der Form
eines Mikroprozessors in das CAMAC-Crate und setzen den horizontalen Datenweg als Ein-/Ausgabe-Datenpfad des Rechners ein
(Figur 4.20).

Charakteristisch für CAMAC sind die klare Adress- und
Funktionszuordnung für die Datenübertragung. Die Adressierung
ist direkt verknüpft mit der Position, während die Funktion
auf elementare Operationen beschränkt bleibt. Im Prinzip ist
die CAMAC-Operation durch ein CNAF definiert. Dabei steht

C für die C̲rate-Adresse; wenn mehrere Crates über einen
   vertikalen oder seriellen Datenweg verbunden sind, ist C
   durch 7 Bits definiert, während beim seriellen Datenweg
   sechs Bits für die Bestimmung von C vorgesehen sind.

N ist die Modul-N̲ummer innerhalb eines Crates; N läuft von
   1 bis 23; die Plätze 24 und 25 werden vom
   Crate-Kontroller belegt; N ist durch fünf Bits definiert;

A ist die S̲ubadresse innerhalb des Modules; A ist durch
   vier Bits definiert; somit können 16 Subadressen pro
   Modul angesprochen werden. Zu jeder Subadresse gehören
   zwei CAMAC-Register mit jeweils 24 Binarstellen, mit
   denen Information ausgetauscht werden kann.

F ist die F̲unktion, die vom Crate-Kontroller an dem über
   "CNA" definierten Element auszuüben ist (Tabelle 4.1).

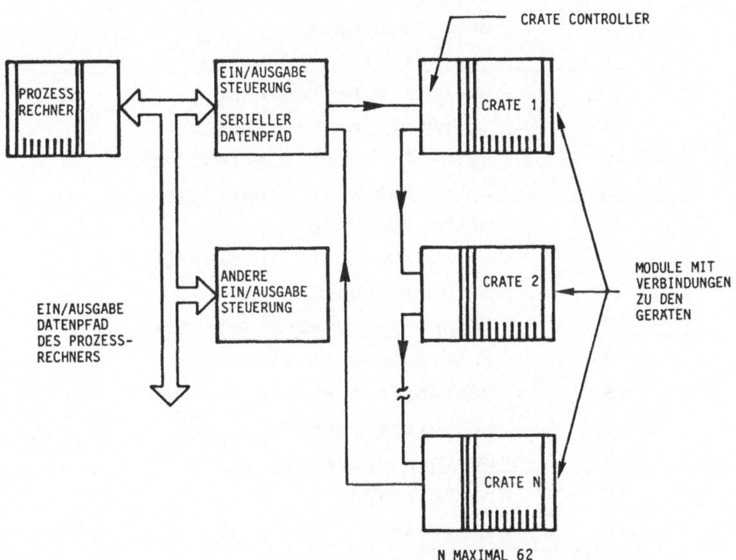

Figur 4.19: CAMAC-Anordnung mit seriellem Datenweg.

| Funktionscode | | CAMAC-Funktion |
dezimal	hexadezimal	
0	0	lies Register 1
1	1	lies Register 2
2	2	lies und lösche Register 1
3	3	lies Komplement von Register 1
4	4	nicht standard
5	5	reserviert
6	6	nicht standard
7	7	reserviert
8	8	Abfrage Look-at-Me
9	9	lösche Register 1
10	A	lösche Look-at-Me
11	B	lösche Register 2
12	C	nicht standard
13	D	reserviert
14	E	nicht standard
15	F	reserviert
16	10	überschreibe Register 1
17	11	überschreibe Register 2
18	12	setze Register 1 selektiert
19	13	setze Register 2 selektiert
20	14	nicht standard
21	15	lösche Register 1 selektiert
22	16	nicht standard
23	17	lösche Register 2 selektiert
24	18	inaktiviere (Disable)
25	19	Ausführen (Execute)
26	1A	aktiviere (Enable)
27	1B	Zustand abfragen
28	1C	nicht standard
29	1D	reserviert
30	1E	nicht standard
31	1F	reserviert

Tabelle 4.1: CAMAC-Funktionscodes (5 Binärstellen).

Ein CAMAC-Datenwort verfügt über 24 Bits. Diese 24 Bits werden im horizontalen und vertikalen Datenweg vollständig parallel übertragen. Jedes Modul kann durch das Signal "Look-at-Me" (LAM) entweder in ein Unterbrechungssignal an den Rechner umgesetzt werden oder der Zustand "Look-at-Me" wird in regelmäßigen Zyklen vom Prozeßrechner abgefragt. Dazu ist die

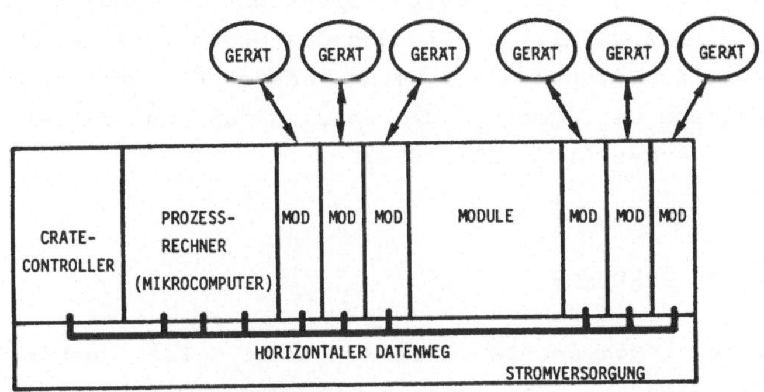

<u>Figur 4.20</u>: CAMAC-Anordnung mit integriertem Prozeßrechner; der horizontale Datenpfad dient als Ein-/Ausgabe-Datenpfad des Rechners.

Funktion "Test Look-at-Me" implementiert. Mit Hilfe eines "LAM-Grader" (Look-at-Me Abstufer) können die Look-at-Me Signalleitungen einzelner CAMAC-Module zusammengefaßt, umgeschaltet oder durch ein Maskenregister schaltbar gemacht werden. Die Nutzung eines Maskenregisters im LAM-Grader erlaubt die Definition von Prioritätsstufen für die Behandlung der Look-at-Me Anforderungen. Für komplexere Anwendungen bieten sich damit auch bei der Behandlung von Unterbrechungssignalen und den zugehörigen Vorrangstufen Möglichkeiten, die sonst nur bei Prozeßrechnern mit einem umfangreicheren Funktionsrepertoir vorhanden sind. Der Crate-Kontroller seinerseits kann ein "Demand" über seine Verbindung zum Rechner erzeugen. "Demand" wird in der Regel vom Schnittstellenwandler in ein Unterbrechungssignal mit Serviceanforderung umgewandelt. Im

CAMAC-Modul wird ein LAM beispielsweise aufgrund bestimmter vom Gerät kommender Signale (Fehler, Stromausfall, Temperatur, Positionierung erreicht) oder auch aufgrund erreichter Grenzwerte (Zählerüberlauf, ADC-Überlauf, Zeit erreicht) entstehen. Naturgemäß muß die Zuordnung des LAM zu bestimmten Reaktionen der Programme im Prozeßrechner eindeutig sein. Bei komplexeren Systemen verlangt das breite Spektrum von möglichen Auslegungen eine sorgfältige Planung des Gesamtzusammenhangs und aller Einzelfunktionen. Auf eine nähere Erläuterung der im CAMAC-Standard verfügbaren Mechanismen muß an dieser Stelle verzichtet werden (IE7, ES1, ES2).

Horizontaler Datenweg

Wesentliche Komponente des Crate ist neben dem Crate-Kontroller der horizontale Datenweg. Der "Dataway" verbindet die 86 Anschlüsse jedes der 23 Module mit dem Crate-Kontroller. Im einzelnen besteht der horizontale Datenweg aus

- 24 Signalleitungen des "Read-Bus",
- 24 Signalleitungen des "Write-Bus",
- 5 Signalleitungen zur Funktionsauswahl,
- 46 Signalleitungen zur Definition der Subadresse,
- 2 Signalleitungen zur Synchronisierung der Operationen
  auf dem horizontalen Datenweg (Strobe S1 und S2),
- 3 Signalleitungen für das "Handshake" zwischen Modul,
  Crate-Kontroller und Prozeßrechner,
- 3 Signalleitungen für globale Funktionen (Clear,
  Inhibit, Initialize),
- 14 Stromversorgungsleitungen,
- jeweils eine Verbindung (insgesamt 24 Leitungen)
  zwischen Crate-Kontroller und Modul für die Ansteuerung
  eines Moduls (die Dekodierung der Moduladresse wird im

Crate-Kontroller vorgenommen),
- jeweils eine Signalleitung (insgesamt 24) für die Übertragung des "Look-at-Me" vom Modul zum Crate-Kontroller,
- 5 Signalverbindungen zur individuellen Verfügung.

Der horizontale Datenweg ordnet bis auf wenige Ausnahmen dem
elektrisch aktiven Zustand (+ 6 V) den logischen Zustand "0"
zu. Damit können sowohl die ökonomisch günstigen Möglichkeiten zur Realisierung eines "WIRED OR" realisiert
werden, als auch ein gewisses Maß an Sicherheit zur Erkennung
defekter Komponenten erreicht werden.

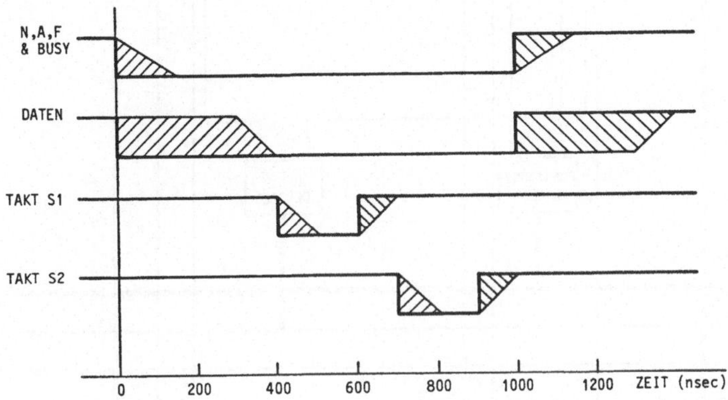

Figur 4.21: Zeitablauf eines CAMAC-Kommandos im horizontalen
Datenweg (schematisch); die schraffierten Zonen
kennzeichnen die zulässigen Toleranzen.

Jedes CAMAC-Kommando wird durch ein definiertes Zeitverhalten
auf dem Datenweg bestimmt, das von allen Modulen befolgt
werden muß, um eine betriebssichere Funktionsweise des Datenaustausches zu gewährleisten. Der Zeitablauf einer Datenübertragung im horizontalen Datenweg ist in Figur 4.21 festgehalten. Das CAMAC-Kommando beginnt mit dem Setzen (logisch
"1", elektrisch "0") der "BUSY-Leitung" sowie der selektierten

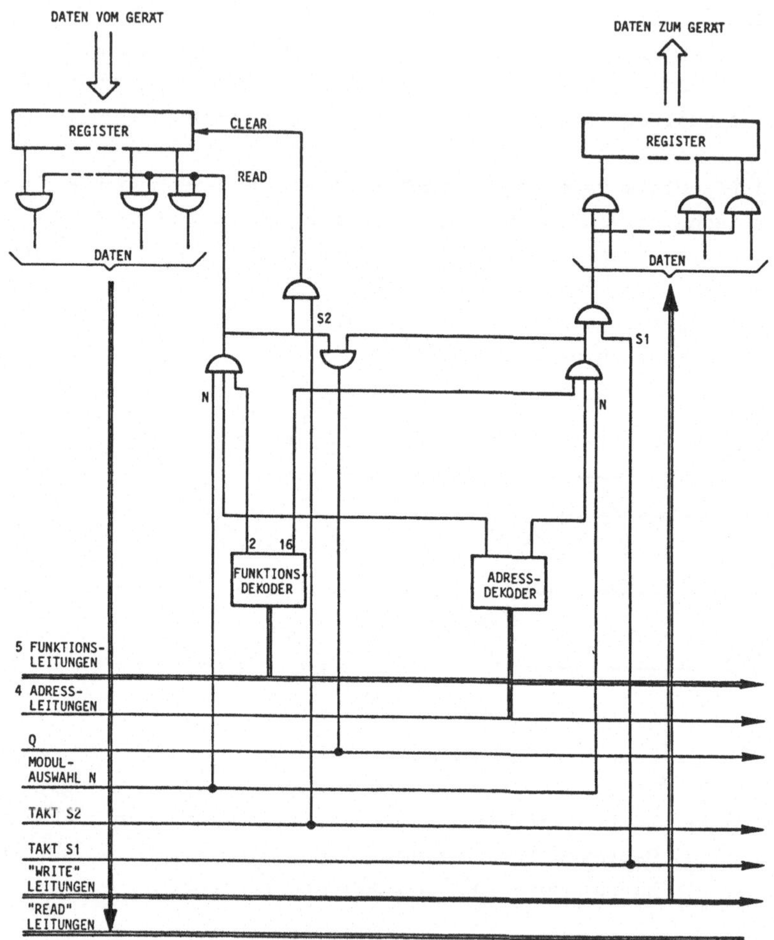

<u>Figur 4.22</u>: Datenfluß und Schaltlogik im CAMAC-Modul bei typischen Schreib-/Leseoperationen.

Modul-, Funktions- und Adressleitungen. Im weiteren Ablauf müssen zwei "Strobe-" oder "Takt"-Signale S1 und S2 vom Crate-Kontroller erzeugt werden. Während der Dauer von S1 soll die Übernahme von Daten - beim Schreiben vom Modul, beim Lesen vom Crate-Kontroller - durchgeführt werden, während das Takt-Signal S2 den Zeitpunkt der Ausführung allgemeiner Kontrolloperationen bestimmt. Bei der Operation "Read and Clear Group Register 1" (Funktionscode 2) müssen die Daten vor Beginn von S1 auf dem horizontalen Datenweg bereitstehen, sie werden bei S1 vom Crate-Kontroller übernommen und an den Computer weitergegeben. S2 initiert die Lösch-(Clear)-Operation im Modul. Bei globalen Operationen im Crate für alle Module (Initialize, Inhibit, Clear) kann S1 wegfallen.

Die einzelnen Schaltschritte auf dem horizontalen Datenweg und in dem durch "N" selektierten Modul sind in Figur 4.22 erläutert. Im Beispiel verfügt das Modul über ein Register zur Ausgabe von Daten an ein Gerät und ein Register zur Aufnahme von Daten z.B. Zählinformationen vom Gerät. Diese Daten können mit der CAMAC-Funktion "F=2" in der vorher beschriebenen Weise übernommen und anschließend gelöscht werden.

Vertikaler Datenweg

Bis zu sieben Crates werden über den vertikalen Datenweg (Branch Highway) über einen Schnittstellenwandler mit einem Prozeßrechner verbunden (s. Figur 4.18). Er besteht aus 66 Doppelleitungen (twisted pairs), die Signale als Spannungsdifferenz übertragen. Eine der beiden Leitungen befindet sich konstant auf Massepotential. Im einzelnen enthält der vertikale Datenweg:

- 24 bidirektionale Doppelleitungen für die eigentlichen Datenübertragung,
- 21 Doppelleitungen für die Übertragung von CNAF,
- 8 Doppelleitungen für die Handshake-Signale BTA und BTB1 bis BTB7,

- 1 Doppelleitung für die Funktion BD, "Branch Demand",
  der bereits beschriebenen Service-Anforderung, die am
  Prozeßrechner üblicherweise in einem Unterbrechungssignal resultiert,
- 1 Doppelleitung für die Funktion BG, "Branch Graded LAM
  Request", mit dem die über "ODER" zusammengefaßten
  "Look-at-Me" Informationen aller am vertikalen Datenweg
  angeschlossenen Crates angefordert werden,
- je eine Doppelleitung für das allgemeine
  Initialisierungssignal BZ, "Branch Initialize" und das
  Quittungssignal BQ, "Branch Response",
- 9 Doppelleitungen für spezielle Anwendungen.

Der vertikale Datenweg kann durch die Zwischenschaltungen von
symetrischen Übertragungsverstärkern über längere Strecken
ausgedehnt werden und bietet dennoch Übertragungsgeschwindigkeiten im Bereich von bis zu einigen hunderttausend
24-Bit-Worten pro Sekunde. Die Datenübertragung selbst wird
auf dem vertikalen Datenweg durch die "Handshake"-Signale BTA
und BTB1 bis BTB7 von den Operationen im Prozeßrechner einerseits und dem Zyklus auf dem horizontalen Datenweg andererseits in einer Weise entkoppelt, die eine gesicherte zeitliche
Ablaufsequenz in beiden Richtungen gewährleistet. Dieser
Mechnismus wird in Figur 4.23 erläutert.

Eine eigentliche CAMAC-spezifische Sicherung gegen Über-
tragungsfehler wird beim vertikalen Datenweg genausowenig wie
beim horizontalen Datenweg betrieben; es gibt weder ein
Paritätsbit noch eine Blocksicherung. Innerhalb der
CAMAC-Spezifikationen ist es jedoch möglich, eine Paritäts-
generierung bzw. -prüfung in die CAMAC-Module zu integrieren
und die Sicherungsinformationen im Prozeßrechner programm-
oder mikroprogrammtechnisch zu behandeln.

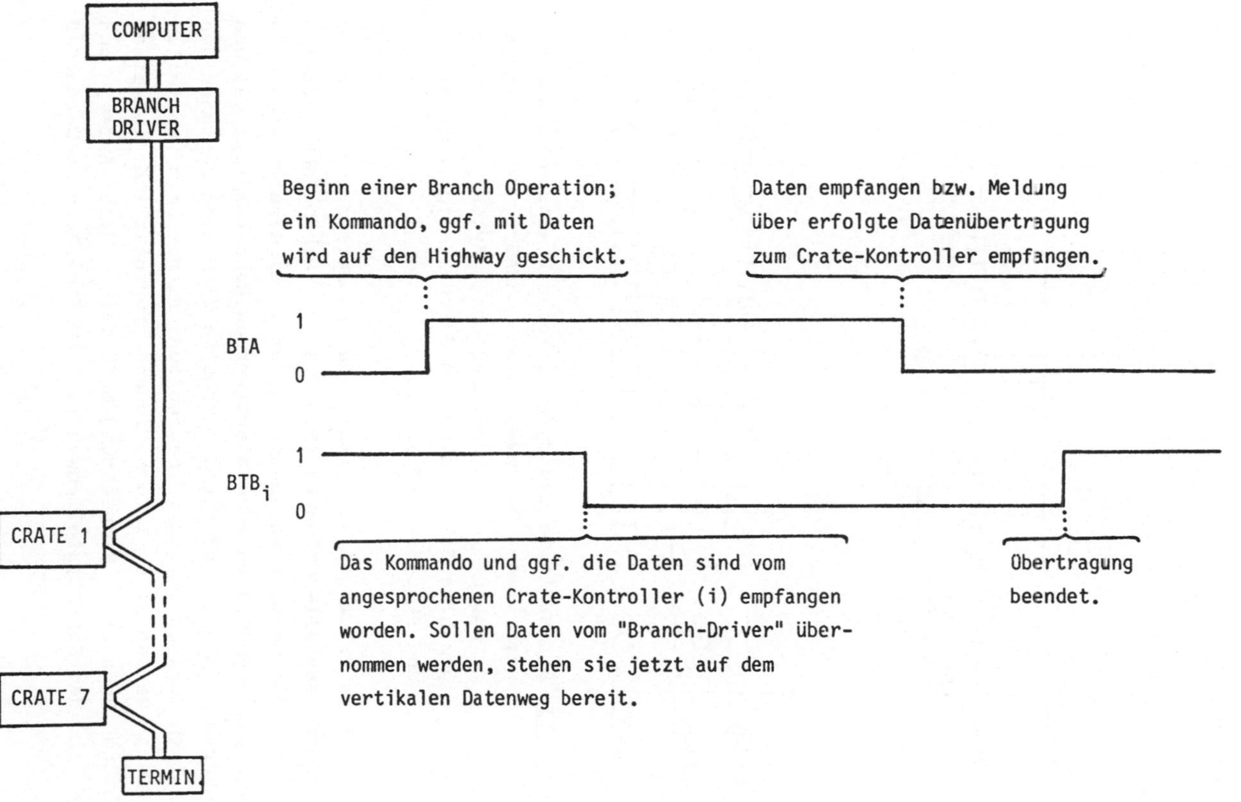

Figur 4.23: "Handshake" zwischen "Crate" und "Branch-Driver" beim vertikalen Datenweg von CAMAC

<u>Serieller Datenweg</u>

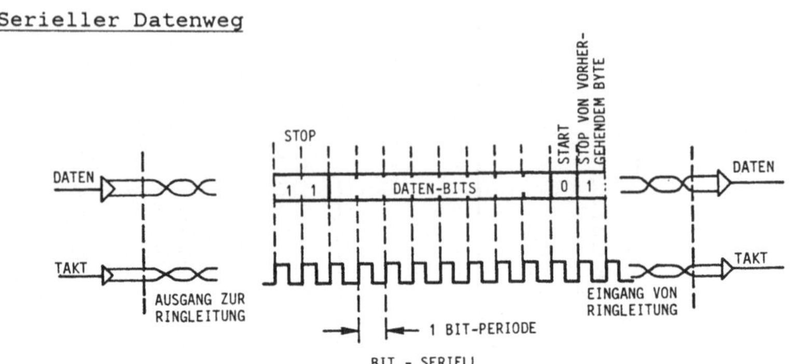

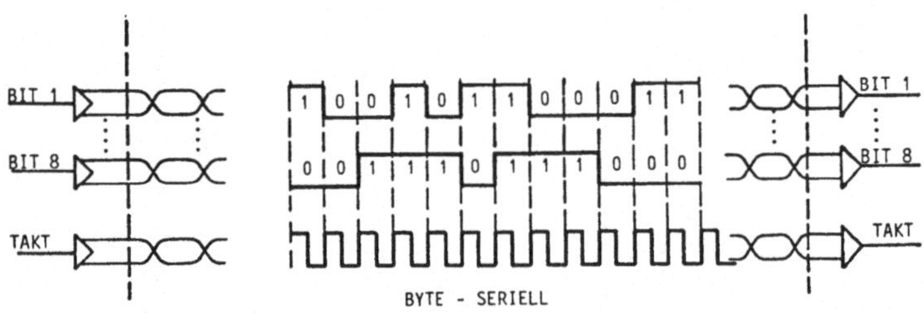

<u>Figur 4.24</u>: Bit-serielle und Byte-serielle Übertragung auf dem
seriellen Datenweg von CAMAC; die Trennung
zwischen den übertragenen Bytes wird durch
gezählte Taktimpulse und durch festgelegte Start-
und Stop-Bits erreicht.

Bei einer weiträumigen Verteilung der einzelnen CAMAC-Crates
bietet der serielle Datenweg (Figur 4.19) erhebliche Vorteile
gegenüber dem vertikalen Datenweg, weil einerseits eine größere Anzahl von Crates adressiert werden kann (maximal 64) und
andererseits die Kosten für die Kabelverbindungen zwischen den
einzelnen Crates relativ bescheiden sind. Beim seriellen
Datenweg werden alle Informationen grundsätzlich in einer
Richtung über eine Ringleitung befördert, deren Anfang und
Ende in dem Schnittstellenwandler am Ein-/Ausgabe-Datenpfad

des Prozeßrechners münden. Die Ringleitung wird von CAMAC-Crate zu CAMAC-Crate weitergereicht. Sie kann in Form von zwei Doppelleitungen als bit-serieller Datenweg oder mit neun Doppelleitungen als byte-serieller Datenweg eingesetzt werden (Figur 4.24). In beiden Fällen ist ein Taktsignal bestimmend für die Schaltschritte auf der Ringleitung. Die Abtrennung zwischen den übertragenen Bytes wird beim seriellen Datenweg durch START- und STOP-Bits erreicht.

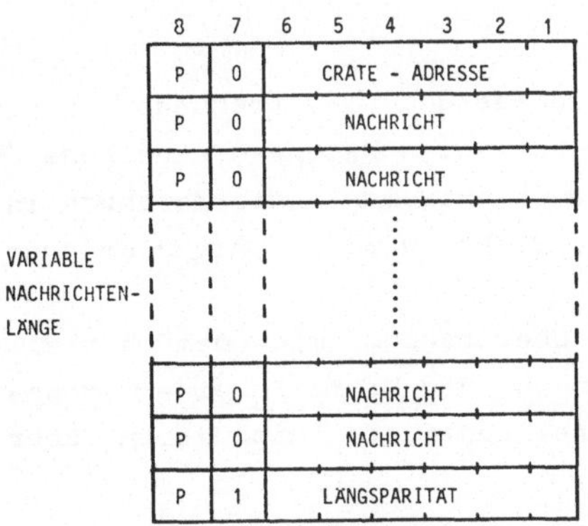

Figur 4.25: Nachrichtenformat des seriellen Datenwegs von CAMAC; ein 8-Bit-Byte besteht aus sechs Bit eigentlicher Information, einem Trennbit und einem Paritätsbit zur Sicherung jedes übertragenen Byte. Ein 24-Bit CAMAC-Wort wird demgemäß in vier Bytes zerlegt. Die übertragene Information wird zusätzlich über eine Modulo-2 generierte Längsparität gesichert.

Eine CAMAC-Nachricht besteht in jedem Falle aus einem Block von mehreren 8-Bit-Bytes (Figur 4.25). Die übertragenen Information wird byteweise durch eine Quer- und blockweise durch eine Längsparität gesichert. Innerhalb der CAMAC-Nachrichten und zwischen den einzelnen Blöcken werden üblicherweise WAIT-Bytes eingeschoben, die entweder vom angesprochenen

Crate-Kontroller mit der angeforderten Information aufgefüllt werden können oder die zum Absetzen von Serviceanforderungen als "Demand" genutzt werden. Damit auch bei voller Auslastung des seriellen Datenwegs ein "Demand" in die Ringleitung eingeschoben werden kann, verfügt jeder serielle Crate-Kontroller über einen Pufferspeicher von drei Bytes, mit dem die Sequenz auf der Ringleitung verschoben werden kann. Diese drei Bytes genügen dem seriellen Crate-Kontroller zum Einschieben der "Demand"-Nachricht.

Bei einer maximal zulässigen Taktfrequenz von vier Megahertz wird mit dem byte-seriellen Datenweg eine hohe Übertragungsrate erreicht, die auch extremen Anforderungen in der Prozeßdatenverarbeitung gerecht wird. Gegenüber dem vertikalen

Datenweg bietet die Übertragung mit dem seriellen oder dem byte-seriellen Datenweg den Vorteil einer doppelten Datensicherung durch eine zugefügte Information über Längs- und Querparität.

4.4.2 20 mA Stromschleife

Eine technisch besonderes einfache Anordnung zur Übertragung von Daten wird erreicht, wenn man den logischen Zuständen "0" und "1" das Aus- bzw. Einschalten eines konstanten Stromes zuordnet. Dabei werden für eine Übertragungsrichtung zwei Leitungen benötigt, die eine Verbindung zwischen dem Sender und Empfänger herstellen. Logisch "1" wird dem eingeschalteten Betriebszustand (I = 20 mA) und logisch "0" dem ausgeschalteten Zustand (I = 0) zugeordnet. Der Empfänger reagiert auf die Stromwerte mit entsprechenden elektrischen Signalen an das Gerät bzw. den Computer (Figur 4.26). Am häufigsten wird diese Übertragungstechnik für die Ansteuerung von Schreibmaschinen verwendet; dabei sind vier Doppelleitungen für eine

Datenübertragung in beiden Richtungen erforderlich. Die Leitungslänge kann ohne technische Änderung bis zu einigen tausend Metern ausgedehnt werden, wenn die eingesetzten Stromversorgungsgeräte genügend leistungsfähig sind.

Die Zeichenübertragung selbst wird in der bereits in Abschnitt 4.1 behandelten Weise organisiert (Figur 4.4).

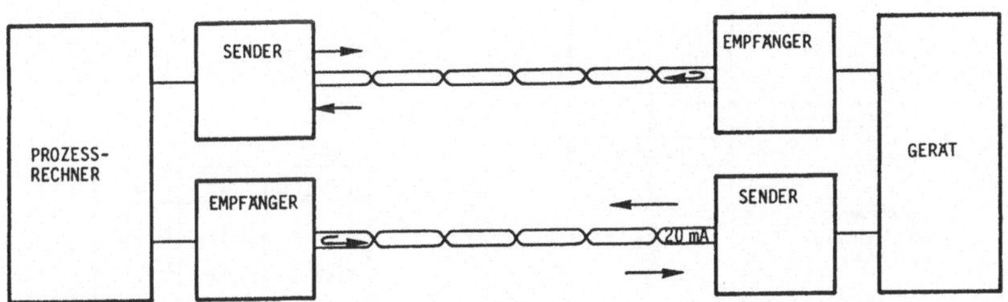

Figur 4.26: Datenübertragung mit der 20 mA Stromschleife.

4.4.3 <u>CCITT - V24 Übertragungsstandard (EIA-RS-232)</u>

Bei einer Datenübertragung zwischen weiter entfernt auseinanderliegenden Punkten liegt es nahe, andere bereits existierende Kommunikationswege in Anspruch zu nehmen. Eine weit verbreitete Technik ist die Modulation digitalisierter Daten auf die für akustischen Informationsaustausch eingerichteten Telefonverbindungen. Eine Modulation ist im allgemeinen bei Benutzung dieser Verbindungswege immer erforderlich, weil die öffentliche Telefonleitung nur zur ungedämpften Signalübertragung im Frequenzbereich zwischen 300 und 2700 Hz eingerichtet sind. Eine Modulation wird im allgemeinen in einfacher Weise erreicht, indem den beiden logischen Zuständen 0 und 1 bestimmte Frequenzen zugeordnet werden. Diese Funktion wird von jeweils nur einem Modem (Modulator - Demodulator) an beiden der Enden der Telefonverbindung übernommen. Im Angelsächsi-

schen werden die Kombination aus Modem und zugehörigem
Kontrollgerät häufig als "Data-Set" bezeichnet. Eine Verbindung zwischen einem Gerät und einer Rechenanlage über eine
CCITT-V24-Verbindung wird schematisch in Figur 4.27 dargestellt. Daten können. je nach den Funktionsmerkmalen der
Modems in beide Richtungen alternierend oder überlappend übertragen werden. Die Modems können entweder direkt mit dem

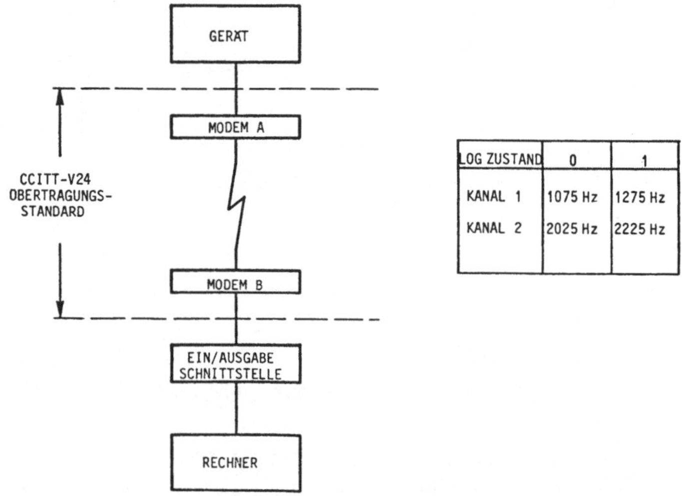

LOG ZUSTAND	0	1
KANAL 1	1075 Hz	1275 Hz
KANAL 2	2025 Hz	2225 Hz

<u>Figur 4.27</u>: Digitale Informationsübertragung durch akkustische
Modulation und Demodulation im CCITT-V24 Kommuni-
kationsstandard. Zwei Übertragungskanäle können
unabhängig durch die Benutzung zweier unterschiedlicher Frequenzkombinationen parallel zueinander
arbeiten.

Telefonsystem verbunden sein oder die Verbindung zwischen Gerät bzw. EIA-Schnittstellenwandler kann über einen akkusti-
schen Koppler installiert werden. Dabei wird der Telefonhörer
auf entsprechend eingerichtete Elemente dieser Geräte gelegt,
so daß Hörer und Sprechmuschel des Telefons als Übertragungs-

medium eingesetzt werden (Figur 4.28). Wie bereits in Abschnitt 4.1 erläutert, können die Daten auf der Übertragungsstrecke zeichenweise (asynchron) oder blockweise (synchron) übertragen werden. Naturgemäß sind bei blockweiser Übertragung höhere effektive Geschwindigkeiten zu erreichen, weil die bei der zeichenweisen Übertragung für jedes Zeichen erforderlichen Start- und Stop-Bits wegfallen können. Es entsteht jedoch ein höherer Aufwand durch die zur Synchronisierung erforderlichen Oszillatoren in den Modems auf beiden Seiten. Diese beiden Oszillatoren müssen jeweils zu Beginn und Ende einer blockweisen Übertragung durch Information über Frequenz und Phase in Übereinstimmung gebracht werden, um die erforderliche Funktionssicherheit zu gewährleisten.

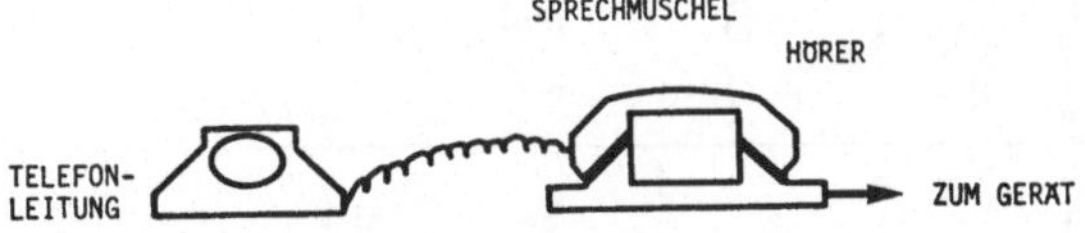

<u>Figur 4.28</u>: Akkustischer Koppler bei einer Datenübertragung über Telefonleitung.

Bei der Datenübertragung über Telefonleitungen unterscheidet man je nach Funktionsspektren zwischen drei Verbindungstypen, die hier zur Vervollständigung erläutert werden sollen:

- <u>Simplex</u> läßt eine Datenübertragung nur in einer Richtung zu;
- <u>Halb-Duplex</u> erlaubt Datenübertragungen in beide Richtungen, jedoch nicht überlappend;
- <u>Voll-Duplex</u> kann voll überlappend in beide Richtungen Daten übertragen.

Voll-Duplex wird entweder durch mindestens vier Leitungswege oder, wie im Falle der Telefonverbindung, durch eine Zuordnung von Modulationskanälen auch mit zwei Leitungswegen möglich.

Schritt	Gerät Terminal	CCIT-V24 Signale	Modem A	Modem B	CCIT-V24 Signale	Rechner
1				automatische Be-antwortung ein-schalten	108,Gerät bereit	← aktiviere Modem
2	Verbindung anwählen	——→	——→	Glocke, ——→ "abnehmen"	125,Glocke 107,Modem bereit	• •
3		109,Verbindung aufgebaut	←——	←—2225 Hz Quittung ——→	105,Sendeanforde-rung 106,Frei zum Senden	← bereit zum Empfang
4	aktivieren→ • •	105,Sendeanforderung 106,Frei zum Senden ← Quittung 107,Modem bereit	1275 Hz ——→	——→	109,Verbindung aufgebaut	•
5	Daten empfangen, Daten senden	104,Dateneingang 103,Datenausgang ⋮	← Daten 1275/1075 Hz ——→	← 2225/2025 Hz Daten ——→ ⋮	103,Datenausgang 104,Dateneingang	← Daten senden → Daten empfangen
6		109,Verbindung aufgebaut aus	←—— aufgelegt	2225 Hz aus, "auflegen"	105,Sendeanfor-derung aus 108,Gerät nicht bereit	← abschalten
7	abschalten→	105,Sendeanforde-rung aus 106,Frei zum Senden aus 107,Modem bereit aus	1275 Hz aus, "auflegen" ←—— ←——	——→ ——→	109,Verbindung aufgebaut aus 107,Modem nicht bereit 106,Frei zum Senden aus 108,Gerät bereit	← aktiviere Modem

Figur 4.29: Signalsequenz bei einer Duplex-Datenübertragung im CCITT-V24-Kommunikationsstandard.

CCITT	EIA	Steckeranschluß	Funktion
101	AA	1	Schutzerde;
102	AB	7	gemeinsame Betriebserde;
103	BA	2	Datenausgang;
104	BB	3	Dateneingang;
105	CA	4	Sendeanforderung;
106	CB	5	Frei zum senden;
107	CC	6	Modem bereit;
108	CD	20	Gerät bereit;
125	CE	22	Glocke;
109	CF	8	Verbindung aufgebaut;
110	CG	21	Signalüberprüfung;
111	CH	23	Übertragungs-
112	CI	23	geschwindigkeit;
113	DA	24	Zeiteinstellung
114	DB	15	Empfang;
115	DD	17	Empfang Zeiteinstell.;
118	SBA	14	
119	SBB	16	weitere
120	SCA	19	Synchronisierungs-
121	SCB	13	signale;
122	SCF	12	

<u>Tabelle 4.2</u>: Die wichtigsten Signalleitungen zwischen Modem und Gerät bzw. E/A-Schnittstelle im CCITT-V24 Standard

Im Rahmen der beschriebenen Übertragungstechnik hat sich die von einem breiten Herstellerspektrum unterstützte "Empfehlung V24" des "Comitee Consultatif International Telegraphique et Telephonique", kurz CCITT, als Übertragungsmechanismus bewährt. Dieser Standard ist im US-amerikanischen Raum auch als

(Electronic Industry Association) -Standard RS-232-c bekannt.
"V24" definiert den Datenaustausch und die zugehörigen Steuerinformationen für Übertragungsmethoden, wie sie in Figur 4.27
dargestellt sind. Die V24-Schnittstelle besteht aus 25 Ver-
bindungspunkten, die im einzelnen in Tabelle 4.2 erläutert
werden. Die einzelnen Funktionen sollen im Folgenden anhand
der in Figur 4.27 dargestellten Verbindung erläutert werden.
Dabei steht das Gerät über eine V24-Schnittstelle mit MODEM A
und der Rechner über seinen EIA-Schnittstellenwandler und die
V24-Schnittstelle mit MODEM B in Verbindung. Die einzelnen
Schritte, Aufbau, Betrieb und Verhalten der Datenverbindung
sind in Figur 4.29 schematisch wiedergegeben. Insgesamt sind
sieben logische Schritte durchzuführen:

1. Der Rechner aktiviert Modem B; das V24-Signal 108 wird logisch 1;

2. Modem B wartet auf das Glocken-Signal der Telefonleitung;
   sobald der Glockenstrom festgestellt wird, entsteht
   V24-Signal 125 und wenn V24-108 vorhanden ist, ebenfalls
   V24-107.

3. Der Rechner bestätigt die Meldung, indem V24-125 ein-
   schaltet; dadurch wird ein Signal von 2225 Hz an Modem A
   übermittelt. Modem B quittiert zunächst mit V24-106.
   Modem A bestätigt den Verbindungsaufbau durch Signal
   V24-109.

4. Auf der Geräteseite wird die Verbindung durch V24-105 eta-
   bliert (bei bestimmten Geräten manueller Knopfdruck); als
   Folge davon wird ein Signal von 1275 Hz an Modem B über-
   mittelt. Modem A meldet V24-106 und V24-107 an das Gerät.
   Sobald Modem B das Signal mit 1275 Hz empfängt, meldet es
   V24-109 an den Rechner; die Verbindung ist aufgebaut.

5. Eine Voll-Duplex Verbindung ist zwischen Rechner und Gerät
   aufgebaut. Durch Benutzung der getrennten Übertragungskanäle kann unabhängig in beide Richtungen übertragen werden.   V24-103 und -104 sind die eigentlichen Daten-

leitungen.

6. Erkennt der Rechner einen Befehl zum Inaktivieren der
   Leitungsverbindung, werden die Signale V24-105 und -108
   zurückgesetzt. Modem B "legt auf". Die Signale V24-106,
   -109 und -107 werden zurückgesetzt. Sobald der Signalton
   mit 2225 Hz bei Modem A fehlt, wird V24-109 dort zurückgesetzt.

7. Modem A "legt auf", der Signalton von 1275 Hz verschwin-
   det; V24-106 und -107 werden zurückgesetzt. Auf beiden
   Seiten ist der inaktive Ausgangszustand erreicht.

Naturgemäß gehören zu einer voll funktionsfähigen Verbindung
auch ein auf alle Fehlersituationen vorbereitetes selbst-
tätiges Reaktionsverhalten, das eine Datensicherung ein-
schließt. Auf eine eingehendere Beschreibung soll hier jedoch
verzichtet werden (ScA).

4.4.4 Der IEC-Bus für byteserielle Datenübertragung

Für kürzere Entfernungen und begrenzte Anforderungen an die
übertragungsgeschwindigkeit und Anzahl der anzuschließenden
Geräte hat sich dieser hersteller- unabhängige Schnitt-
stellen-Standard im Verlauf weniger Jahre durchgesetzt. Er
bietet besonders ökonomische Verbindungsmöglichkeiten, wenn
die Entfernung zwischen den Geräten unter 20 m liegt, wenn
eine maximale Datenrate von 1 MegaHz/sec ausreicht und wenn
nicht mehr als 15 einzelne Geräte angeschlossen werden müssen.
Im IEC-Bus kann jedes der am Bus angeschlossenen Geräte die
Funktion

- Sender
- Empfänger
- Kontroller

übernehmen. Die Funktionen können den einzelnen Geräten in jeder Kombination zugeordnet werden. Der IEC-Bus selbst besteht aus insgesamt 16 Leitungen, acht Leitungen sind für die eigentliche Datenübertragung, drei Leitungen für die Synchronisierung der Datenübertragung und fünf Leitungen für die Steuerung des Datenpfades vorhanden (Figur 4.30). Die Synchronisierung der Datenübertragung wird mit Hilfe von drei Leitungen erreicht:

- DAV "Daten gültig" (Data valid) zeigt an, daß die Daten auf den Daten Bus übernommen werden können;
- NRFD "Nicht bereit für Daten" (Not ready for Data) zeigt an, daß der oder die Empfänger nicht bereit ist bzw. bereit sind, Daten zu empfangen;
- NDAC "Daten nicht übernommen" (Not data accepted) zeigt den Zustand des oder der Empfänger bei der Datenübernahme an.

Der zeitliche Ablauf bei einer Datenübertragung mit den Signalen DAV, NRFD und NDAC wird in Figur 4.31 erläutert. Charakteristisch für den IEC-Bus ist, daß Daten grundsätzlich zu mehreren Empfängern gleichzeitig übertragen werden können.

Der Gesamtablauf auf dem IEC-Bus wird von den fünf Steuersignalen koordiniert:

- ATN, "Achtung" (Attention) ist gesetzt, wenn die Datenleitungen Steuerinformationen enthalten;
- IFC, "Rückstellen der gewollten Funktion" (Inter function clear) versetzt alle Komponenten der Schnittstellensteuerung in den einzelnen Geräten in einen definierten Ausgangszustand;
- SRQ, "Bedienungsanforderung" (Service Request) fordert den Kontroller auf, die gegenwärtige Aktivität zu unterbrechen und sich dem anfordernden Gerät zuzuwenden;

- REN, "Fernsteuerungsfreigabe" (Remote enable) wird benötigt, wenn die Kontrollfunktion von einem Gerät an ein anderes Gerät am gleichen IEC-Bus übergeben werden soll;
- EOI, "Ende oder Identifizierung" (End or Identity) wird vom Sender erzeugt, wenn die Übertragung eines Daten-Blocks beendet ist; es wird vom Kontroller ebenfalls in Verbindung mit ATN benutzt, um eine Abfragesequenz (Polling) nach SRQ auszuführen.

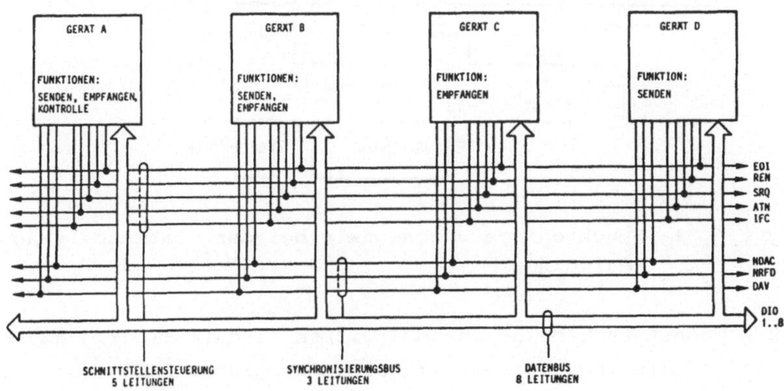

Figur 4.30: Schematische Anordnung von Rechner und Peripheriegeräten mit dem IEC-Bus als Ein-/Ausgabe Datenpfad. Im angegebenen Beispiel verfügt Gerät A über die Kontrollfunktion des Datenpfads. Die Geräte B, C und D sind unterschiedlich privilegiert.

Jedes am IEC-Bus angeschlossene Gerät muß schnittstellenseitig bestimmten Konventionen folgen, die durch diese drei Komponenten realisiert werden:

- die Leitungstreiber und -empfänger sorgen für eine Umsetzung der elektrischen Pegel auf dem Bus in interne Signalpegel;

- der <u>Nachrichtenkodierer</u> setzt die ankommende Information
  in interne Signale um, wenn sie das Gerät betreffen, und
  formt die geräteinternen Informationen in die Standards
  des IEC-Bus um;
- das <u>Zustandsregister</u> hält interne und externe Ein-
  stellungen fest.

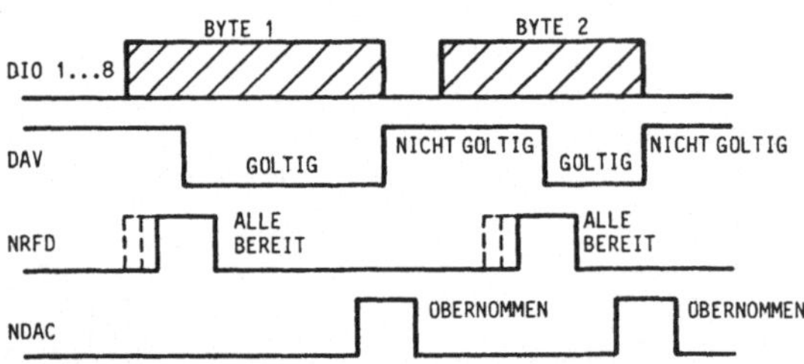

<u>Figur 4.31</u>: Synchronisierungssignale bei der Datenübertragung
im IEC-Bus.

Die Komponenten und ihr Zusammenwirken sind in Figur 4.32 dargestellt. Die Indikatoren im Zustandsregister haben die folgende Bedeutung:

- <u>SH</u> (Source Handshake) zeigt an, daß die übertragene Information Auskunft über den Gerätezustand oder vorhergehende Übertragungen gibt;
- <u>AH</u> (Acceptor Handshake) zeigt an, daß die übertragene
  Information Ausknft über den Empfangszustand der Geräte
  gibt;
- <u>T</u> oder <u>TE</u> (Talker oder Extended Talker) zeigen an, daß Informationen über den Zustand des als Sender fungierenden
  Gerätes übertragen werden; bei T wird das Gerät durch eine
  Ein-Byte-Adresse definiert; im Falle des erwarteten Sen-
  ders wird das Gerät durch eine Zwei-Byte-Adresse gekennzeichnet;

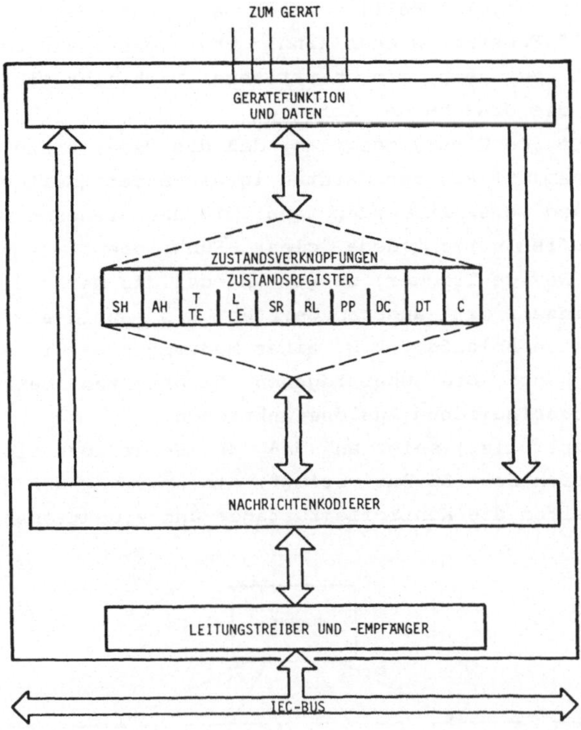

Figur 4.32: Schnittstellenfunktion eines am IEC-Bus angeschlossenen Geräts.

- L oder LE (Listener oder Extended Listener) zeigen an, daß
  Informationen über den Zustand des als Empfänger fungierenden Gerätes übertragen werden;
- SR (Service Request) zeigt an, daß das Gerät eine Anforderung an den Kontroller gesandt hat; die übertragene Information gibt Auskunft über die Art der Anforderung;
- RL (Remote Local) zeigt an, daß die übertragene Nachricht
  die Umschaltmöglichkeit zwischen entfernter (vom Rechner)
  und lokaler Ablaufsteuerung betrifft;

- <u>PP</u> (Parallel Poll) zeigt an, daß das Gerät eine "Poll"-Funktion suchen kann, ohne vorher als Sender aktiviert zu sein; die übertragene Nachricht gibt Auskunft über die Ursache der Abfrage;
- <u>DC</u> (Device Clear) zeigt an, daß das Gerät einzeln oder gemeinsam mit anderen Geräten in einen definierten Ausgangszustand versetzt werden kann. Die übertragenen Nachrichten betreffen verschiedene "clear"-Funktionen;
- <u>DT</u> (Device Trigger) zeigt an, daß das Gerät alleine oder gemeinsam mit anderen Geräten als Auslöser eines bestimmten Ablaufs, z.B. eines Meßvorganges eingesetzt werden kann. Die übertragenen Nachrichten betreffen die unterschiedlichen Auslösefunktionen;
- <u>C</u> (Controller) zeigt an, daß das Gerät über die Kontrollfunktion des IEC-Bus verfügt; die übertragenen Nachrichten betreffen die Kontrollerzustände und -funktionen.

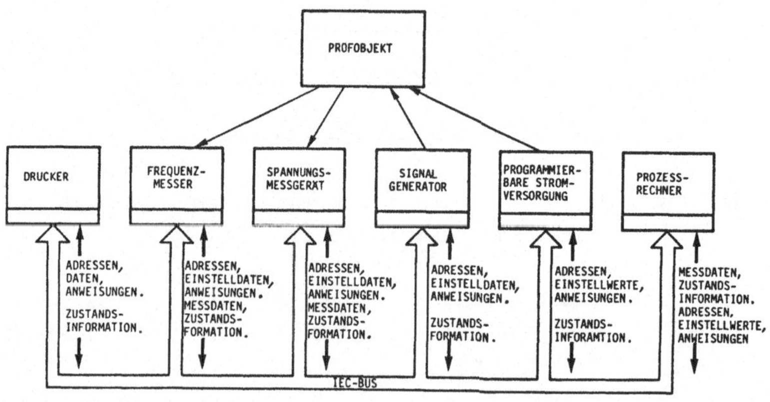

<u>Figur 4.33</u>: Typisches Gerätesystem in einem Prüflabor; die einzelnen Geräte sind über den IEC-Bus mit einem Prozeßrechner und einem Drucker für die Datenausgabe verbunden.

Der IEC-Bus bietet neben der eigentlichen Datenübertragung ein breites Spektrum an Steuerfunktionen in den einzelnen Geräten, die im Regelfall nicht vollständig in Anspruch genommen werden müssen (Di 4, IE 6). Ein typisches Gerätesystem in einem Prüflabor, bei dem die Meßgeräte über den IEC-Bus mit einem Prozeßrechner verbunden sind, wird in Figur 4.33 angegeben.

5 Funktionskomponenten von Betriebssystemen für Prozeßrechner

Das architekturspezifische Funktionsspektrum von Rechenanlagen, wie es in den vorausgegangenen Kapiteln beschrieben worden ist, wird erweitert und ergänzt durch die in ihrer Gesamtheit als Betriebssystem bezeichneten Programmkomponenten. Die Einheit aus den elektronisch realisierten Bauteilen der Rechner, im angelsächsischen Sprachgebrauch durch "Hardware" gekennzeichnet, und den programmtechnisch in der Grundsoftware implementierten Funktionen bilden in ihrem Zusammenspiel erst die eigentlichen Leistungsmerkmale von Rechenanlagen. Dabei können bestimmte Funktionen in verschiedenen Rechnern entweder im Rechnerkern durch Schaltkreise oder Mikroprogramme realisiert sein oder sie können im Betriebssystem als allgemein zugängliche Programmmodule implementiert sein. Ob die Gleitkomma-Multiplikation als Einrichtung im Rechnerkern selbst vorhanden oder ob sie als zentrale Komponente in der Betriebssoftware verfügbar ist, macht für den Anwender zunächst keinen Unterschied, solange seine Anforderungen an Geschwindigkeit generell oder beispielsweise an das Reaktionsverhalten beim Aufruf neuer Programmteile durch Unterbrechungssignale erfüllt sind.

Historisch gesehen hat die Entwicklung von Betriebssystemen erheblich später eingesetzt als die Verwirklichung der hardware-spezifischen Teile der Rechenanlagen selbst. Tatsächlich standen alle Komponenten der ersten Computer unmittelbar unter Kontrolle der Anwendungsprogramme und es waren keinerlei über die eigentlichen Prozessorfunktionen hinausgehenden Mechanismen verfügbar. Aber bereits einige der ersten als Prozeßrechner bezeichneten Anlagen, die in Abschnitt 1 genannt worden sind, verfügten über eine begrenzte Grundsoftware, die das Funktionsspektrum des Rechners um eine Reihe spezieller Merkmale erweiterte. Neben einer zentralen Verwaltung von Teilen des Arbeitsspeichers und generell erforderlichen Hilfseinrichtungen wie Lader, Binder und Ein-/Ausgabe-Steuerung gehörten dazu bereits die Mechanismen zur Aktivierung und Deaktivierung einzelner unabhängiger Aufgaben im Mehrprogrammbetrieb bei Berücksichtigung unterschiedlicher Vorrangstufen. Heute gehören neben den genannten Funktionen eine Reihe weiterer Mechanismen dazu, die unter anderem eine detaillierte Zustandskennung einzelner Programme, eine Dateiverwaltung mit den Möglichkeiten zur zentralen Katalogisierung und eine Verkettung von Anweisungen zur Ein-/Ausgabe-Steuerung einschließen.

Je nach Implementierungsform werden von verschiedenen Betriebssystemen unterschiedlich ausgeprägte Qualitäten erreicht. Deshalb ist auch die Beurteilung des Leistungsspektrums der vorhandenen Betriebssoftware mit entscheidend für die Einsatzmöglichkeiten von Prozeßrechnern. Genauso wie bei den Hardwareeinrichtungen des Rechnerkerns selbst, sind Architekturüberlegungen für den Aufbau der Betriebssoftware immer dann ausschlaggebend, wenn komplexere Funktionscharakteristika und höhere Leistung erreicht werden sollen. Diese Architekturüberlegungen sind deshalb so wichtig, weil erst sie die Überschaubarkeit einer größeren Zahl von Einzelkomponenten in der Betriebssoftware ermöglichen.

Im Unterschied zu Betriebssystemen für universelle Rechenanlagen müssen bei Prozeßrechnern die anwendungsspezifischen Funktionsmerkmale besondere Berücksichtigung finden. Bei der Forderung nach begrenztem Aufwand gehören dazu unter anderem besonders das schnelle Reaktionsvermögen bei zeitkritischen Anwendungen und der kontrollierte Zugang zu den bei komplexeren Anwendungen zahlreichen Sensoren.

5.1 Aufgabendefinition

In der Regel werden einem Prozeßrechner eine Reihe von als

Programme implementierte Aufgaben zugeteilt sein, die asynchron, also unabhängig voneinander bedient werden müssen. Die einzelnen Aufgaben - man bezeichnet sie auch als "Prozeß" oder angelsächsisch "Task" - unterscheiden sich neben ihren Anwendungsmerkmalen durch die Vorrangstufe oder durch die Priorität gegenüber anderen Aufgaben zur Inanspruchnahme der Komponenten des Prozeßrechners. Dabei fungiert das Betriebssystem als zentrales Organ für die Verwaltung dieser als Betriebsmittel bezeichneten Komponenten des Prozeßrechners insgesamt. Durch die Kommunikation zwischen Betriebssystem und Programm, insbesondere durch die Interpretation der Steueranweisungen des Programms, werden die geforderten Funktionen und Zuteilungen realisiert. Naturgemäß gehört auch die Mitteilung über maschinentechnische Fehlersituationen oder nicht realisierbare Anforderungen zu dem Aufgabenspektrum des Betriebssystems. Im einzelnen können die Aufgaben dieses Betriebssystems schematisch durch die folgende Auflistung zusammengefaßt werden:

- Zuteilung von Betriebsmitteln,
- Überwachung der Inanspruchnahme von Betriebsmitteln,
- Aktivierung und Deaktivierung der einzelnen Aufgaben
  im Mehrprogrammbetrieb,
- Bildung und Überwachung von Warteschlangen für die
  Zuteilung von Betriebsmitteln,
- Interpretation und Ausführung von Systemanforde-
  rungen,
- Steuerung der Ein-/Ausgabeanweisungen,
- Überwachung der Vorrangstufen,
- Laden und Binden von Programmsequenzen,
- Befehlssimulation bei nicht vorhandenen Funktionen
  im Rechnerkern,
- Mitteilung über Fehlersituationen im Rechner,
- Mitteilung über fehlerhafte Programm- oder Be-
  dienungsanweisungen,
- selbsttätige Behebung oder Überbrückung von Fehl-

funktionen.

Letztlich laufen alle diese Funktionen auf eine Überwachung
und Steuerung der Betriebsmittel des Prozeßrechners selbst und
aller angeschlossenen Geräte hinaus. Vom Betriebssystem
werden die Betriebsmittel den einzelnen Aufgaben zugeordnet
oder entzogen und alle Aktivitäten mit diesem Betriebsmittel
überwacht, gesteuert und zwischen den verschiedenen Aufgaben
koordiniert. Schematisiert verfügt ein Prozeßrechner je nach
Ausbaustufe über folgende Betriebsmittel:

- Rechnerkern,
- Arbeitsspeicher,
- direkt adressierbarer peripherer Speicher,
- Dateien,
- Geräte zur Datenspeicherung, zur Datenaufzeichnung
  und zur Datenwiedergabe,
- sensor-orientierte Ein-/Ausgabegeräte.

Diese Komponenten werden zentral verwaltet. Eine Aufgabe kann
jedoch nur dann über das zentral wichtige Betriebsmittel
"Rechnerkern" verfügen, wenn alle anderen für die Bearbeitung
erforderlichen Betriebsmittel bereitgestellt sind. Ein Programm kann demnach erst zur Ausführung kommen,

- wenn der Arbeitsspeicher für das Programm und die
  zugehörigen Daten tatsächlich dort verfügbar sind,
- wenn das Programm aus der spezifizierten Datei in
  diesen Teil des Arbeitsspeichers übertragen worden
  ist und
- wenn der Zugriff auf externe Geräte gesichert ist.

Sein Zustand wird dann mit "Bereit" bezeichnet. Erst wenn die
Priorität der Aufgabe größer ist als die aller anderen Pro-
gramme mit dem Merkmal "Bereit", wird das Betriebssystem das
Betriebsmittel Rechnerkern an dieses Programm zuteilen und

damit in den Zustand "Aktiv" versetzen. Sobald das Programm

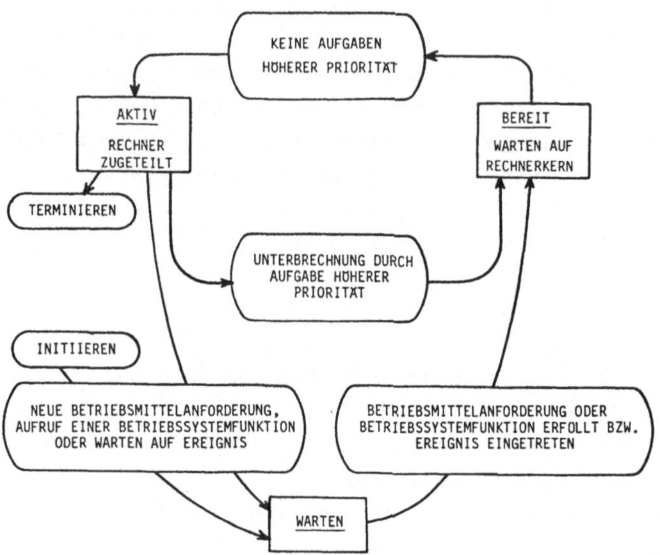

<u>Figur 5.1</u>: Zustandsdiagramm eines Programms unter Kontrolle eines Betriebssystems; die Zustände sind durch aktiv, warten und bereit gekennzeichnet.

selbst eine Anweisung an das Betriebssystem gibt, die nicht unmittelbar erfüllt werden kann, die aber für die weitere Programmausführung erfüllt sein muß, wird das aufrufende Programm in den Zustand "Warten" oder "Nicht aktivierbar" versetzt und so verbleiben, bis die entsprechende Anforderung, sei es die Bereitstellung weiterer Betriebsmittel oder die Bearbeitung einer anderen Systemfunktion, erledigt ist. Dieser Gesamtzusammenhang wird in Figur 5.1 veranschaulicht. Bei der Zustandsbezeichnung "Aktiv" ist es ohne Belang, ob die zur Ausführung kommenden Instruktionen für den Rechnerkern unmittelbarer Bestandteil des Programms sind oder im Falle interpretierender Systeme indirekt aus dem im Programm enthaltenen Code hervorgehen. Obwohl ein solcher Code letztlich

Anweisungen an das interpretierende Betriebssystem erzeugt, bezeichnet man diesen Zustand dennoch als "Aktiv", solange keine Wartesituation als Folge von Betriebsmittelanforderungen oder dem Aufruf globalerer Systemfunktionen entsteht.

5.2 Grundkonzepte

Die Zustandskennung der einzelnen, im Prozeßrechner ablaufenden Prozesse erfordert eine eindeutige Verknüpfung aller Funktionskomponenten des Betriebssystems, um die erwünschte geordnete Ablaufsequenz der je nach Verfügbarkeit der Betriebsmittel und dem Eintreten äußerer Signale zunächst ungeordnet eintreffenden Anforderungen zu erreichen. Dazu werden alle Programmkomponenten und alle Betriebsmittel einem einheitlichen Organisationsschema unterworfen. Allerdings unterscheiden sich die Implementierungsformen dieser Organisationsschemata in der Regel erheblich; es lassen sich jedoch gemeinsame Prinzipien herausarbeiten, auf die im Folgenden besonders eingegangen werden soll.

Neben der eigentlichen Zustands- und Ablauf-Koordinierung zwischen verschiedenen Aufgaben eines Prozeßrechners selbst, sind die in der Regel vielschichtigen organisatorischen Maßnahmen im Zusammenhang mit der Überwachung der Ein-/Ausgabeoperationen und der Parallelität von Einzelprozessen Schwerpunktaktivitäten der Betriebssysteme. Deshalb muß das Zusammenspiel zwischen der zentralen Auftragsverwaltung und diesen Funktionskomponenten mit betrachtet werden, wenn der globale Überblick gewonnen werden soll.

Das Zusammenwirken der einzelnen Komponenten im Betriebssystem wird an Hand des Übersichtsdiagramms in Figur 5.2 schematisch erläutert. Dabei sind Aufgabe 1 bis Aufgabe n die anwendungsorientierten Arbeiten, die dem Prozeßrechner und seinem Betriebssystem zugeordnet sind. Diese Aufgaben können, sobald

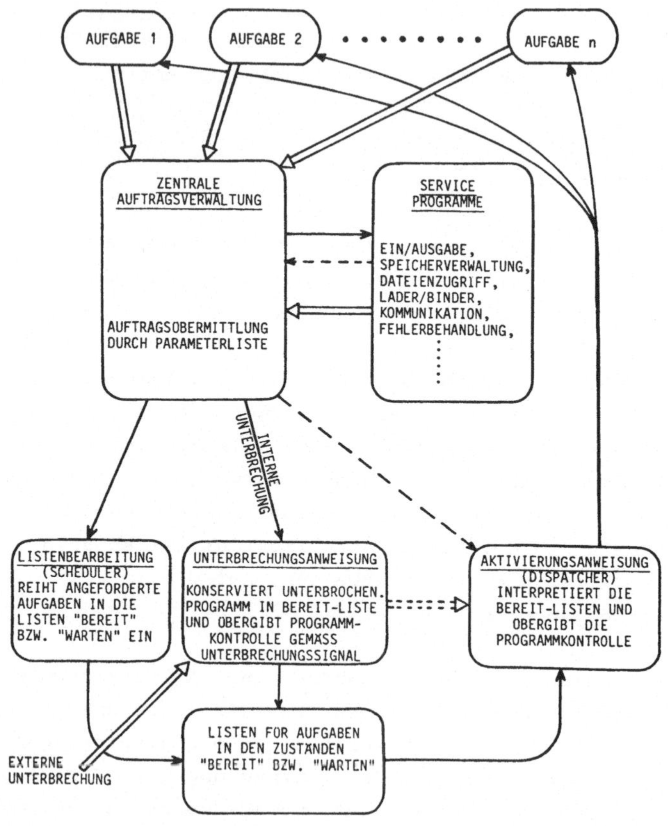

Figur 5.2: Organisationsschema von Betriebssystemen für Prozeßrechner

sie die Kontrolle des Rechnerkerns besitzen, Kommandos abgeben, die als Aufträge an die zentrale Systemkomponente, häufig als "Monitor", "Supervisor" oder "Executive" bezeichnet, interpretiert werden können und dort nach Interpretation an bestimmte Serviceprogramme zur weiteren Bearbeitung in der Regel asynchron zum sonstigen Geschehen, delegiert werden können. Diese Serviceprogramme selbst können die so erhaltenen Aufträge nach Interpretation erneut an bestimmte hierarchisch untergeordnete Funktionsprogramme weiter übermitteln. Im Falle einer Ein-/Ausgabeoperation wird der Auftrag beispielsweise in der Regel letztlich einem Treiberprogramm zugeordnet, das für die unmittelbare Kontrolle einzelner Geräte zuständig ist. Diese Treiberprogramme selbst sind in der Regel ebenso "Aufgaben" wie die vorher beschriebenen Anwendungsprogramme, wenn auch mit dem Unterschied, daß sie meist besonders geschützt sind (Speicherschutz) und häufig mit relativ hoher Priorität bedient werden. Naturgemäß sind die Service- und Funktionsprogramme in gleicher Weise berechtigt, Aufträge an die zentrale Verwaltungskomponente zu übermitteln, wobei in der Regel jedoch bestimmte Rekursivitätsgrenzen zur Vermeidung von System-Verklemmungen beachtet werden müssen.

Die eigentliche Koordinierung zwischen den einzelnen Aufgaben wird erreicht durch die in Figur 5.2 erläuterten "Listen" über die Aufgaben in den Zuständen "Warten" und "Bereit" sowie die zur Bearbeitung dieser Listen zuständigen Programme, die mit "Aktivierungsanweisung", "Listenbearbeitung" und "Unterbrechungsanweisung" bezeichnet sind.

Die Komponente "Listenbearbeitung" übernimmt die von der zentralen Auftragsverwaltung vorbereiteten Aufträge und reiht sie je nach Zustand in die Listen "Warten" oder "Bereit" ein. Dieses "Einreihen" wird ebenfalls von der mit "Unterbrechungsanweisung" bezeichneten Betriebskomponente durchgeführt, wenn als Folge externer oder, wie es bei manchen Rechnertypen möglich ist, auch intern erzeugter Unterbrechungssignale eine Anforderung für eine bestimmte Aufgabe bearbeitet werden muß. Die "Aktivierungsanweisung" interpretiert die so gefüllte Liste und übergibt die Programmkontrolle jeweils an die Aufgabe höchster Priorität.

Besondere Behandlung erfordert die Liste "Warten", weil in ihr eine Kopplung mit Ereignissen erreicht werden muß, die sowohl eine Bereitstellung angeforderter Betriebsmittel als auch das Eintreffen äußerer Ereignisse in Form von Unterbrechungssignalen sein können. Die Liste "Warten" muß deshalb über einen besonderen Verkettungsmechanismus mit der die Betriebsmittel bereitstellenden oder die Unterbrechungssignale bearbeitenden Systemkomponente verfügen.

5.2.1 <u>Verkettungen</u>

Grundsätzlich können die im vorigen Abschnitt beschriebenen Verknüpfungsmechanismen zwischen unterschiedlichen Aufgaben und den zugehörigen Eintragungen in den Listen nur über Zeigereintragungen erreicht werden, wobei ein Zeiger jeweils auf die einer Eintragung zugeordnete andere Eintragung weist. Der Zeiger stellt in der Regel eine Adressinformation, die je nach Speichermediums alleine oder auch zusammen mit anderen Daten eine Arbeitsspeicheradresse bilden kann, oder aber die Adresse innerhalb eines externen Speichermedium enthält, wenn die Liste auf einem externen Datenträger geführt wird.

In einem für zeitkritische und sensor-orientierte Anwendungen geeigneten Betriebssystem ist die Zahl solcher Listen meist relativ groß, da sowohl für die Betriebsmittelanforderungen, wie Speicherplatz, Ein-/Ausgabeoperation, Dateienzugriff sowie Aktivierung und Deaktivierung als auch für die Synchronisierung mit externen Ereignissen jeweils getrennte Listen geführt werden müssen. Andererseits wird mit dieser Listenführung erreicht, daß zum einen einzelnen Ereignissen eine größere Zahl von nachfolgenden getrennt ablaufenden Aufgaben zugeordnet werden und zum anderen mehrere Programme oder Programmteile auf einzelne Zuteilungen oder Ereignisse warten können, ohne jeweils gesonderte Organisationsformen zu implementieren.

Generell ist mit dem Mechanismus verketteter Listen eine Technik verfügbar, die nicht nur zur Ablaufkoordinierung in den Betriebssystemen verwendet wird; ebenso wesentlich für die Strukturen insgesamt ist diese Verkettung über Zeiger bei der Speicherung von Dateien auf Datenträgern und bei der Arbeit mit Datenbanken. Auf die im einzelnen recht vielfältigen Organisationsformen soll jedoch hier nicht eingegangen werden. Innerhalb der Betriebssysteme kann die Technik verketteter Listen je nach Implementierungsform mehr oder weniger intensiv genutzt werden. Betriebssysteme jüngerer Provenienz ordnen jeder einzelnen Aufgabe einen Kontrollblock zu, der alle für die Ausführung dieser Aufgabe notwendigen Informationen enthält und damit auch ein relativ großes Funktionsspektrum des Betriebssystems insgesamt zuläßt. Derart aufgebaute Betriebssysteme sollen im Folgenden als "Tabellen-orientierte Systeme" bezeichnet werden. Es ist evident, daß den mit einer solchen Implementierungsform erreichbaren komplexeren Service- und Sicherheitseinrichtungen auch ein höherer Aufwand an Speicherplatz und ein höherer Anteil der Prozessorleistung für Verwaltungs- und Koordinierungsaufgaben gegenüber steht.

Klassische Betriebssysteme für Prozeßrechner, die in der Regel mit einer geringeren Zahl von weniger umfangreichen Kontrollblöcken für Verkettungstechniken auskommen, zeichnen sich deshalb durch einen sehr kompakten Aufbau aus, der mit einem relativ geringen Anteil an der verfügbaren Prozessorleistung für Verwaltungs- und Koordinierungsfähigkeiten verbunden ist. Solcherart aufgebaute Betriebssysteme sollen als "Modulare Systeme" bezeichnet werden. Naturgemäß können in dieser Weise einfach strukturierte Betriebssysteme nicht die Flexibilität und das Funktionsspektrum bieten, wie sie mit der aufwendigeren Listenführung bei den tabellen-orientierten Betriebssystem möglich sind.

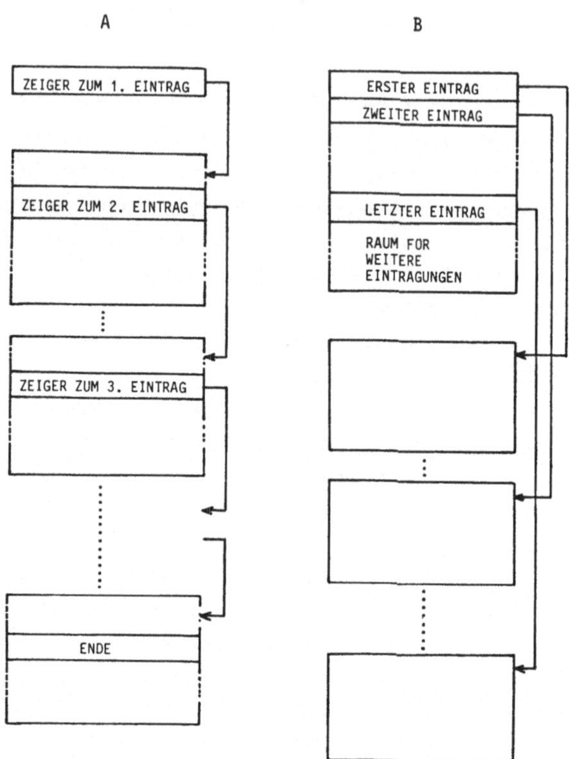

Figur 5.3: Ablaufkoordinierung durch Listenverkettung; bei A ist die Zeigerinformation jeweils Bestandteil der eigentlichen Liste, während B die Zeigerinformation in einer festen Tabelle führt. Bei A ist die Zahl der möglichen Listensegmente flexibel, während bei B eine vorgegebene Zahl von Eintragungen nicht überschritten werden kann.

Vor einer schematischen Gegenüberstellung dieser unterschiedlichen Organisationsformen muß noch darauf hingewiesen werden, daß sich in der Praxis sowohl Beispiele für eine reine Implementierung der einen oder anderen Art finden, daß aber auch eine Reihe von Zwischenformen existieren, bei denen eine mehr oder weniger komfortable Tabellen- oder Listen-Führung nur in Teilbereichen durchgeführt worden ist.

5.2.2 Modulare Systeme

Ein komplexeres Betriebssystem wird im allgemeinen neben einigen für die Basisfunktionen essentiellen Komponenten über eine Reihe von Modulen verfügen, die je nach Anwendung wahlweise mit eingesetzt werden oder aber auch wegbleiben können, wenn das von den Anwendungen geforderte Funktionsspektrum ihren Einsatz erübrigt. Zu den verwendeten Modulen können jedoch auch solche gehören, die auf Grund der Anforderungen nur seltener zum Einsatz kommen; wenn es vom Betriebssystem vorgesehen ist, können solche Module gegenenfalls bei Bedarf temporär in die verfügbare Systemsoftware eingereiht werden. Beispielsweise wird, wie im ersten Falle, die Softwarekomponente für die Steuerung der Datenübertragung zu Magnetbandgeräten nur dann in dem für eine Anwendung generierten Betriebssystem angeboten, wenn die Geräte auch tatsächlich verfügbar sind und genutzt werden. Genauso wird die Programmkomponente für die Übertragung von Daten über eine Datenfernverarbeitungseinrichtung möglicherweise nur kurzzeitig im Betriebssystem aktiviert, bis aufgesammelte Daten an ein anderes Rechnersystem übermittelt worden und neue Steueranweisungen von dort empfangen worden sind.

Das Betriebssystem insgesamt wird sich also aus einer Reihe von Funktionskomponenten zusammensetzen, die als Module im Gesamtsystem enthalten sind. Bestandteil dieser Module sind in der Regel Tabellen, die für bestimmte, zum Teil bereits genannte Eintragungen bereitgehalten werden müssen, um den Gesamtablauf sicherzustellen. Bei den Modulen unterscheidet man in der Regel zwischen den "residenten Modulen", die ständig im Arbeitsspeicher des Rechners bereitgehalten werden müssen, und den "transienten Modulen", die nur bei Bedarf für kürzere Zeitperioden von einem externen Datenträger in den Arbeitsspeicher transferiert werden, um dann aktiv zu werden.

Für jede der in Abschnitt 5.1 genannten Aufgaben oder Aufgabengruppen wird ein Modul zuständig sein, das im Gesamtablauf zwischen den Zuständen "Warten", "Bereit" und "Aktiv" wechselt. Zu diesen Modulen werden in der Regel die folgenden schematisch zusammengestellten Komponenten gehören:

- der Monitor als zentraler Auftragsempfänger und
  Auftragsverwalter,
- die Serviceprogramme für die Zuteilung von Betriebsmitteln wie Arbeitsspeicher, Peripheriegeräten und
  Dateien sowie für die Koordinierung der Ein-/Aus-
  gabe-Aktivitäten,
- die Aktivierungsanweisung, im Angelsächsischen meist
  als "Dispatcher" bezeichnet,
- die Unterbrechungsanweisung für externe und interne
  Unterbrechungssignale, angelsächsisch häufig
  "Interrupt-Handler" oder ähnlich bezeichnet,
- die Listenbearbeitung für Aufgaben, die aktiviert
  werden sollen; im Angelsächsischen wird diese Komponente meist mit "Scheduler" bezeichnet,
- die Treiberprogramme für die Durchführung und für
  die Überwachung des Datenaustauschs zwischen
  Arbeitsspeicher und externen Geräten,
- Diagnose und Fehlerbehebungsprogramme sowie
- spezielle Programmodule zur Unterstützung
  anwendungs-spezifischer Aufgaben.

Wesentliche Bedeutung kommt den bereits genannten Tabellenbereichen für die Kommunikation zwischen den einzelnen Modulen und für bestimmte globale Aufgaben zu. Diese Tabellenbereiche sind in der Regel in Teilabschnitte für die verschiedenen Aufgaben unterteilt. Die wichtigsten sollen hier schematisch aufgezählt werden:

- Ein Kommunikationsbereich für zentrale Daten und Adressinformationen, der aufgrund der Maschinenarchitektur meist vom gesamten Arbeitsspeicher her direkt adressierbar ist; er ermöglicht den einfachen und schnellen Zugang zu weiteren Tabellen und den einzelnen Modulen.
- Die Unterbrechungstabelle enthält die Information über die weitere Behandlung der akzeptierten Unterbrechungssignale. Man bezeichnet die in dieser Tabelle enthaltenen Daten auch als "Unterbrechungsvektoren", weil sie normalerweise auch die Adressen und die Priorität des als Folge des Unterbrechungssignals zu aktivierenden Programmoduls enthält.
- Eine Folge von Einzeltabellen führt die Information über die angeschlossenen peripheren Geräte. Diese Listen enthalten in der Regel auch den jeweiligen Betriebszustand der peripheren Geräte. Sie können auch Daten über die logische Zuordnung der einzelnen Geräte zu bestimmten Systemfunktionen wie "Bibliothekseinheit", "Systemkonsole" enthalten und eine automatische Zuordnung alternativer Geräte im Fehlerfalle sowie symbolische Gerätenamen ermöglichen.
- Eine Liste speichert die Daten über die zu aktivierenden Aufgaben und kann diese je nach Implementierung mit Warte-Zuständen anderer Module verketten.
- Eine Warteliste verbindet, wenn sie implementiert ist, das Eintreffen bestimmter Ereignisse im Gesamtsystem mit der Aktivierung von Programmodulen.

Daneben sind üblicherweise eine Reihe weiterer Bereiche erforderlich für temporäre Datenpuffer, für die den einzelnen Prioritätsstufen zugeordneten Unterbrechungsmasken oder den Tabellen für die auf externen Datenträgern gehaltenen Programmodule.

Charakteristisch für die als "modulare Systeme" bezeichneten Betriebssysteme ist nun, daß diese global geführten Systemtabellen neben den eigentlichen Modulen, die in der Regel aus dem Programmcode und dem zugehörigen Datenbereich bestehen, für den Gesamtablauf und die Koordinierung aller Einzelaufgaben ausreichend sind. Bestimmend für die Aktivierung einer Programmkomponente im Zustand "Bereit" sind die Start-Adresse als der Anfangswert für das Programmzählregister und die Werte für die übrigen Arbeitsregister. Dabei kann je nach Funktionsspektrum eines Betriebssystems zur Minimierung des organisatorischen Aufwands ein Teil dieser Register bei dem ersten Anstoß eines Moduls undefiniert sein, während die Liste für unterbrochene Programme in der Regel alle Registerinformationen enthalten muß, um eine vollständige Wiederherstellung des unterbrochenen Programms zu gewährleisten. Wegen dieser unterschiedlichen Anforderungen werden in der Regel getrennte "Bereit-Listen" für unterbrochene und neu zu aktivierende Aufgaben geführt. Der schematische Aufbau dieser beiden Listentypen wird in den Figuren 5.4 und 5.5 erläutert. Dabei werden lediglich die Prinzipien hervorgehoben; der ins einzelne gehende Aufbau hängt von der Systemimplementierung insgesamt und von der verwendeten Rechnerarchitektur ab. In Figur 5.4 wird eine Unterbrechungsliste angegeben, die ohne Verkettungen auskommt.

Für jede der durch die Rechnerarchitektur vorgesehenen Prioritätsstufen, die unterbrechbar sind, ist eine Zelle mit allen zur Zustandskonservierung notwendigen Daten reserviert. Mit nur einer Adressinformation, die im Beispiel die Adresse der nächsten freien Zelle enthält (F), können alle Sicherungs- und Reorganisationsoperationen eindeutig durchgeführt werden. Tatsächlich ähnelt diese Organisationsform sehr dem in verschiedenen Rechnerarchitekturen implementierten Stack-Prinzip, das bereits in Abschnitt 3.4 erwähnt wurde.

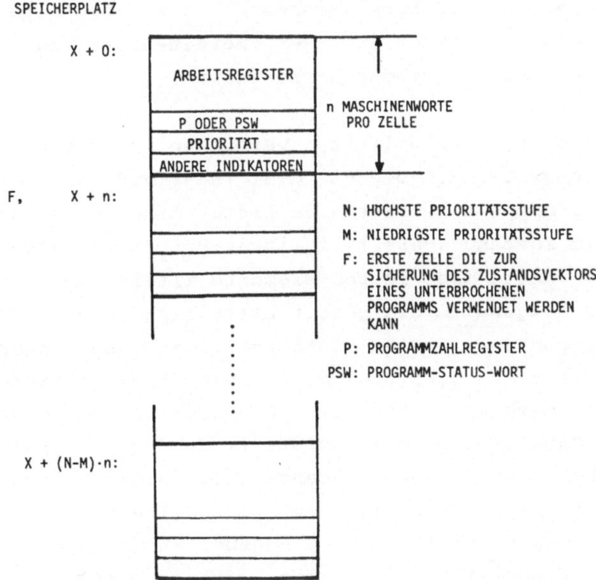

<u>Figur 5.4</u>: Schema einer "Bereit-Liste" für Aufgaben, die durch Aktivitäten höherer Priorität unterbrochen wurden; im Beispiel ist das Programm auf der niedrigsten Prioritätsstufe unterbrochen; "F" zeigt auf die zweite von insgesamt N-M Zellen. Lediglich die erste Zelle wird immer für die Sicherung der niedrigsten Prioritätsstufe verwendet; die übrigen Zellen werden für die dem aktuellen Zustand entsprechenden Prioritätsstufen benutzt.

Letztlich ist es jedoch unbedeutend, ob die Informationen über eine indirekte Adressierung (s. ebenfalls Abschnitt 3.4) oder über eine Stack-Operation angesprochen werden. Insgesamt ist es in jedem Falle möglich, mit den gegebenen Techniken den unterbrochenen Ablauf innerhalb weniger Maschinenzyklen zu konservieren, um eine Aufgabe höherer Priorität zu aktivieren. In gleicher Weise ist die unterbrochene Aufgabe nach Erledigung des wichtigeren Prozesses mit ebenfalls relativ geringem Aufwand wieder aus der "Bereit-Liste" zu entnehmen, um den alten Zustand wieder herzustellen.

Wesentlich mehr Flexibilität, verbunden mit einem höheren Organisationsaufwand, bietet die in Figur 5.5 erläuterte Technik der doppelt verketteten Liste. Eine Kette enthält die Aufgaben im Zustand "Bereit" in ihrer Prioritätsfolge, während die andere Kette die leeren Elemente miteinander verbindet. Soll eine Aufgabe in die Bereit-Liste eingereiht werden, wird eine Zelle von der freien Liste entnommen und innerhalb der Prioritätskette an der Stelle in die "Bereit-Liste" eingereiht, die der Priorität der zu aktivierenden Aufgabe entspricht. Dabei wird die existierende "Bereit-Kette" dort aufgebrochen, wo die nachfolgende Zelle einen Prozess mit geringerer Priorität als die neu einzureihende Aufgabe kennzeichnet; gegebenenfalls wird die neue Aufgabe auch am Ende der Kette eingereiht. "E", die Adresse der ersten freien Zelle, wird entsprechend der vorher durch den Verkettungszeiger angegebenen Adresse verändert (Figur 5.5). Wird ein in der "Bereit-Liste" enthaltenes Programm aktiviert, so wird die in der durch "T" gekennzeichneten Zelle enthaltene Prioritäts- und Registerinformation entnommen und "T" erhält den Wert der Ketteninformation in dieser Zelle.

Mit den beiden beschriebenen Techniken lassen sich alle Aufgaben der Koordinierung zwischen einer großen Zahl von Aufgaben unterschiedlicher Prioritätsstufe bewältigen, wobei das erreichte Funktionsspektrum und die Ablaufsicherheit in angemessenem Verhältnis zum Aufwand stehen. Um nur einige Beispiele zu nennen, sind zunächst weder Schutzmechanismen zur Abgrenzung der Adressbereiche verschiedener Module, noch eine Zuordnungssicherung peripherer Geräte, noch ein Schutz gegen irrtümliche Betriebsmittelanforderungen erreicht. Solche Techniken sind nur durch einen höheren Informations- und Verwaltungsaufwand zu realisieren, wie er je nach Implementierung in bestimmten tabellen-orientierten Systemen vorzufinden ist.

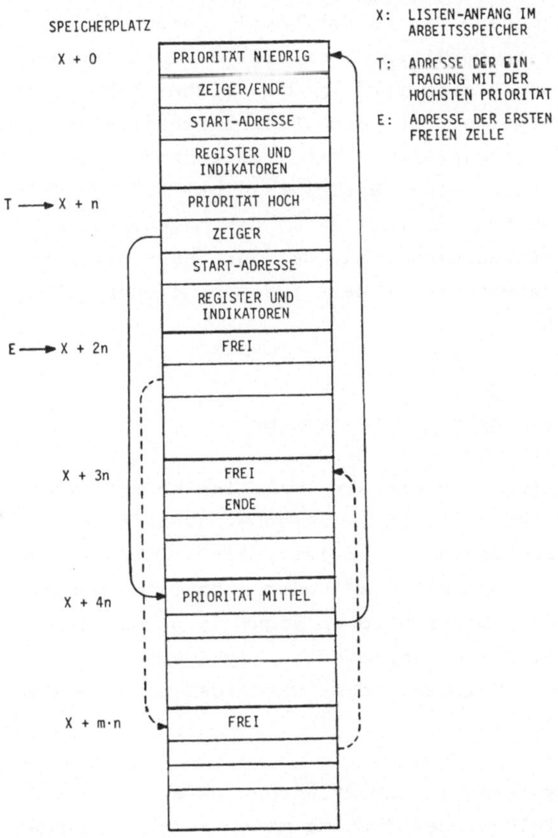

<u>Figur 5.5</u>: "Bereit-Liste" für neu zu aktivierende Aufgaben schematisch.

Zur Klarstellung soll hier noch einmal darauf hingewiesen werden, daß die beschriebenen Organisationsformen für die Zustandskoordinierung lediglich charakterisierend für die Arbeitsweise sein sollen und in keiner Weise bindend für eine Implementierung von Betriebssysten sind; insbesondere können die Listen im einzelnen völlig anders aufgebaut werden. Tatsächlich finden sich in der Praxis recht unterschiedliche Implementierungen, die in der Regel jedoch die hier genannten Gemeinsamkeiten besitzen. Ebenfalls erwähnt werden muß noch, daß die Größe "Priorität" in den bisher behandelten Tabellen der üblicherweise in der Rechnerarchitektur vorgesehenen "Priorität" entspricht. Man bezeichnet diese Größe gelegentlich auch als "Hardware-Priorität" zur Unterscheidung von der "Software-Priorität", die gegenüber den meist begrenzten Abstufungsmöglichkeiten der "Hardware-Priorität" eine flexiblere Unterscheidbarkeit für eine größere Zahl von Aufgaben zuläßt.

5.2.3 Tabellen-orientierte Systeme

Charakteristisch für die als tabellen-orientiert bezeichneten Systeme ist der jeder Einzelaufgabe zugeordnete Kontrollblock, im Angelsächsischen meist als "Task-Control-Block", "Task-Identification-Block" oder ähnlich bezeichnet. Ein solcher Kontrollblock wird in Figur 5.6 angegeben; ohne mit einer Betriebssystem-Implementierung identisch sein zu wollen, enthält das Beispiel die wichtigsten Elemente üblicher Kontrollblöocke:

- Über das Verkettungswort werden alle
  Kontrollblöcke des Systems miteinander verbunden;
  die einzelnen Kontrollblöcke können deshalb an beliebigen Stellen im Arbeitsspeicher geladen werden,
  ohne daß die Systemfunktionen oder die Gesamt-

effizienz davon berührt sind.

- In einem Arbeitsbereich können unterschiedliche Informationen abgelegt werden; insbesondere können dort die zusätzlichen Verkettungen für Wartezustände und für Diagnose-Aktivitäten von für alle Aufgaben zuständigen Überwachungsprogrammen gespeichert werden.
- Die Priorität kann die von der Rechner-Architektur angebotene "Hardware-Priorität" verfeinern und eine detailliertere Abstufung des Vorrangs einer größeren Aufgabenzahl zulassen.
- Bei der Startadresse wird die Aufgabe aktiviert, wenn sie über den Monitor oder den Supervisor von einer anderen Aufgabe aufgerufen worden ist.
- Bei einer Unterbrechung durch Aufgaben höherer Priorität steht ein Bereich für die Sicherung des Programmzählregisters oder des Programmstatuswortes sowie für alle Arbeitsregister bereit.
- Der symbolische Aufgabenname wird in der Regel als Zeichenfolge geführt, um die Kommunikation zwischen den einzelnen Aufgaben und dem Anwender möglichst benutzungsfreundlich zu gestalten.
- Eine Folge von Zustandsindikatoren, die zur Kennzeichnung der Zustände "Bereit", "Warten" und "Aktiv", die Priviligierung bezüglich der Inanspruchnahme von Systemfunktionen und der Bereitstellung von Betriebsmitteln dient sowie eine Reihe weiterer bei der speziellen Systemimplementierung erforderlichen Indikatoren.
- Zur Sicherung des Funktionsablaufs bei Programmierungsfehlern werden die einer Aufgabe zugeordneten Arbeitsspeichergrenzen meist in Form von Seitenadressen, gelegentlich aber auch direkt als Grenzregister festgehalten.
- ebenfalls im Kontrollblock festgehalten werden

Informationen über die Speicherung der Programmmodule auf externen Datenträgern wie Magnetplatten-
speichern, wenn die Programme als transiente Module
definiert sind, wenn sie aus dem Arbeitsspeicher
ausgelagert wurden, weil vorrangige Arbeiten durchgeführt werden mußten oder wenn die Programmmodule
nur temporär aktivierbar sein sollen.

<table>
<tr><td>VERKETTUNG, ZEIGER ZUM NÄCHSTEN BLOCK</td></tr>
<tr><td>ARBEITSBEREICH, ZUSÄTZLICHE VERKETTUNGEN ETC.</td></tr>
<tr><td>PRIORITÄT</td></tr>
<tr><td>START-ADRESSE BEI AUFRUF</td></tr>
<tr><td>UNTERBRECHUNGSADRESSE</td></tr>
<tr><td>SICHERUNG DER ARBEITSREGISTER BEI UNTERBRECHUNGEN</td></tr>
<tr><td>AUFGABENNAME IN VOLLER ZEICHENFOLGE</td></tr>
<tr><td>ZUSTANDSINDIKATOREN DER AUFGABE</td></tr>
<tr><td>ARBEITSSPEICHERGRENZADRESSEN DER AUFGABE</td></tr>
<tr><td>ADRESSEN AUF EXTERNEN DATENTRÄGERN FÜR TRANSIENTE ODER TEMPORÄR AKTIVIERBARE AUFGABEN</td></tr>
</table>

<u>Figur 5.6</u>: Aufgaben-Kontrollblock in einem tabellen-orientier-
ten Betriebssystem schematisch.

Mit   diesem   umfangreicheren   Informationsmaterial   in   den
verketteten   Tabellen   kann   das   Funktionsspektrum   des
Betriebssystems erheblich erweitert werden; insbesondere kann
die Systemsicherheit bei gleichzeitig höherem Nutzungskomfort
erweitert werden. Grundsätzlich erhalten bleibt jedoch das in
Figur 5.2 erläuterte Ablaufschema für die gesamte System-
koordinierung.   Aufträge   an   die in Abschnitt 5.4 noch zu

beschreibenden Servicekomponenten werden in gleicher Weise über Parameterlisten übermittelt. Die Listen für Aufgaben in den Zuständen "Bereit" und "Warten" sind jetzt jedoch im Gesamtsystem in der genannten Weise verteilt. Es können neben diesen verteilten Wartelisten spezielle Listen für systemspezifische Aufgaben geführt werden, die dann analog zu den in den Figuren 5.4 und 5.5 erläuterten Mechanismen aufgebaut sind.

An Hand der Verkettungszeiger zwischen den einzelnen Kontrollblöcken kann nun die mit "Aktivierungsanweisung" bezeichnete Systemkomponente dasjenige Element in der verketteten Liste finden, das mit der höchsten Priorität den Zustand "Bereit" führt. Die Verkettung innerhalb der "Bereit-Liste" wird entsprechend der Priorität der zugeordenten Aufgaben erfolgt sein, so daß vorrangige Aufgaben schnell aktiviert werden können. Es wird jedoch bereits hier klar, daß mit der komfortableren Tabellenführung ein gegenüber dem modularen System höherer Verwaltungsaufwand entsteht, der im nachfolgenden Abschnitt näher erläutert werden soll.

Die Unterbrechungsanweisung wird den Zustand der unterbrochenen Aufgabe vollständig im Kontrollblock konservieren und die durch das interne oder externe Unterbrechungssignal aufgerufene Aufgabe aktivieren. Dies muß jedoch unter Heranziehung des entsprechenden Kontrollblocks erreicht werden. Für die Anbindung des Unterbrechungssignals an den Kontrollblock muß eine zusätzliche Liste analog zu Figur 5.3,B bereitgestellt werden.

Die Listenbearbeitung selbst ist vom Prinzip her gleichartig mit der im vorigen Abschnitt beschriebenen Arbeitsweise. Zwar sind die einzelnen "Zellen" jetzt umfangreicher und im Arbeitsspeicher verstreut; für die Ankettung an eine bestimmte Liste wird jedoch unverändert eine bestimmte Information benutzt, die bei einer Zustandsveränderung sowohl vor als auch nach der Operation in einem Austausch der vorhergehenden und nachfolgendenKetteninformation resultiert.

5.3 Ökonomische Aspekte

Bestimmte Einsatzgebiete für Prozeßrechner in den Laboratorien und bei komplexen Problemstellungen in der Technik stellen extrem hohe Anforderungen an die eingesetzten Prozeßrechner und stoßen damit an die durch die Struktur der Systeme bestimmten Leistungsgrenzen. In gleicher Weise sind die Leistungsgrenzen einfacherer Systeme bei weniger aufwendigen Anforderungen erschöpft. Dabei wird das enge Zusammenspiel zwischen Einrichtungen der eigentlichen Rechnerarchitektur, der Hardware, und der implementierten Betriebs- und Anwendungsprogramme deutlich. Insbesondere werden bei solchen, die Leistungsgrenzen berührenden Anforderungen auch die nachteiligen Aspekte sonst erwünschter Merkmale von Rechnerarchitektur und Programmsystemen offenbar.

Ziel der Unterbrechungseinrichtungen im Rechnersystem ist es, einen bestimmten Ablauf unter vorgegebenen Bedingungen aussetzen zu können, um die Prozessorleistung zunächst vordringlicheren Aufgaben zuzuordnen. Wesentliche Forderung ist dabei die störungsfreie Fortsetzbarkeit des unterbrochenen Ablaufs nach Beendigung der dringlicheren Aufgabe. Bei mehr als zwei Prioritätsstufen kommt zusätzlich noch die Notwendigkeit einer Rekursivität der Umschaltoperation zu höheren Prioritäten hinzu. Diese Auflagen an Rechnerarchitektur und Betriebssoftware werden heute nahezu von allen üblichen Systemen garantiert, allerdings mit unterschiedlicher Prozessorbelastung, die im Falle von Anforderungen, die die Leistungsgrenzen berühren, deutlich merkliche Unterschiede zwischen verschieden strukturierten Systemen offenlegt.

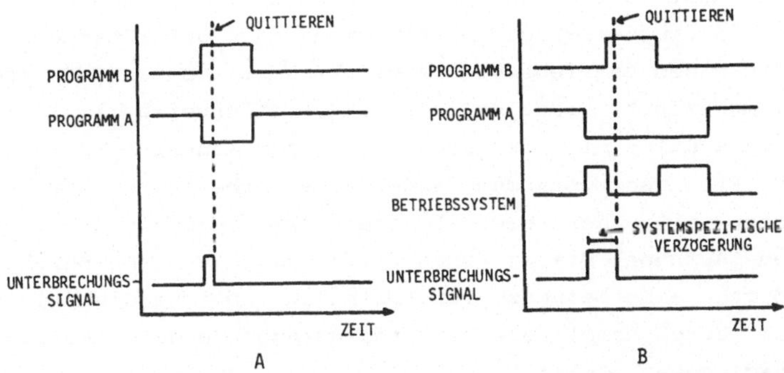

<u>Figur 5.7</u>: Zeitdiagramm für die Umschaltaktivitäten eines
Rechners:

A: Beim Auftreten des Unterbrechungssignals wird
die Aufgabe höherer Priorität unverzüglich
angestoßen. Die Sicherungsarbeiten werden von
dem Programm selbst übernommen.

B: Das Betriebssystem "verbraucht" einen merklichen
Anteil der Prozessorleistung für Koordinierungs-
arbeiten, bevor die Kontrolle an das aufgerufene
Programm übergeben werden kann.

In der Betrachtungweise von Figur 5.7 wird verdeutlicht, in
welcher Weise das Betriebssystem je nach Komplexität der
durchzuführenden Umschaltfunktion die Verfügbarkeit des
Rechnerkerns für andere Aufgaben blockieren kann und damit die
verfügbare Leistung des Gesamtsystems eingrenzt. Die Dauer
dieser Blockierungsmaßnahmen wird durch Eigenschaften von
Rechnerarchitektur und Betriebssystem beeinflußt, wie es an
Hand von Figur 5.8 erläutert wird. Nach Auftreten eines
Unterbrechungssignals wird ein "Unterbrechungsvektor" erzeugt,
der sowohl die Abspeicherung des aktuellen Wertes im Befehls-
zählregister gegebenenfalls auch zusammen mit bestimmten
Zustandsindikatoren an vorgegebener Stelle initiiert als auch
den Anstoß eines durch den "Vektor" bestimmten Programmes im

Arbeitsspeicher des Rechners auslöst. Dieses Programm kann entweder ein kurzes Programmpaket sein, das unter temporärer Ausschaltung des Betriebssystems direkt mit dem anfordernden Gerät kommuniziert, oder es ist die normalerweise im System vorhandene Routine mit den Prozeduren zur Konservierung des gesamten Prozessorzustandes, also aller Arbeitsregister und Indikatoren mit der nachfolgenden Aktivierung der angeforderten Aufgabe. Dieses Konservieren wird je nach Befehlsvorrat durch eine Sequenz von einzelnen Speicheroperationen oder auch durch komplexere Registeraustauschbefehle (Multiple Store/Load) bewerkstelligt.

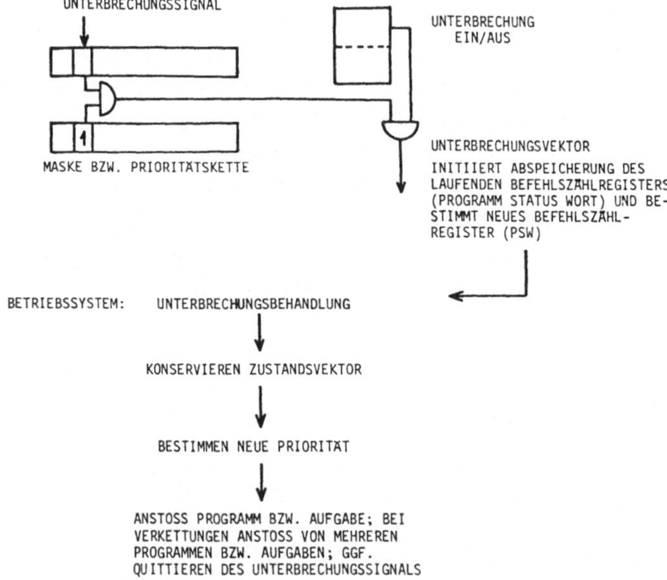

Figur 5.8: Unterbrechungssignalbehandlung durch Hardware und Betriebssystem schematisch. Einzelne Betriebssysteme weichen in bestimmten Schritten vom Schema ab, ohne daß die Grundstruktur verändert ist.

In Tabelle 5.1 werden die mit den verschiedenen Techniken in Rechnerarchitektur und Betriebssystem erreichten Umschaltzeiten den daraus resultierenden Systembelastungen gegenübergestellt. Bei den vier als typisch herausgegriffenen Arbeitsweisen folgt auf die Unterbrechungssignale

- lediglich eine Umschaltung des Befehlszahlregisters bzw. Programmstatuswortes,
- ein Austausch des gesamten Registersatzes bei Implementierung entsprechender Instruktionen in der Rechnerarchitektur,
- ein Austausch aller Zustandsinformationen gemäß den in Abschnitt 5.2.2 beschriebenen Techniken und
- eine Austauschbearbeitung über die Listen eines tabellen-orientierten Betriebssystems.

SYSTEM-UMSCHALTZEIT	SYSTEMBELASTUNG BEI 10^2 UNTERBRECHUNGS-SIGNALEN PRO SEKUNDE	SYSTEMBELASTUNG BEI 10^3 UNTERBRECHUNGS-SIGNALEN PRO SEKUNDE
2 µSEC (HARDWARE)	0.02 %	0.2 %
20 µSEC (MULTIPLE LOAD/STORE)	0.2 %	2 %
50 - 200 µSEC (MODULARE SYSTEME)	0.5 - 2 %	5 - 20 %
200 - 1000 µSEC (TABELLEN-ORIENTIERTE SYSTEME)	2 - 10 %	20 - 100 %

Tabelle 5.1: Systembelastungen durch Unterbrechungssignalbehandlung bei verschiedenen Systemstrukturen. Die angegebenen Zeiten sind typisch für eine Reihe von Prozeßrechnern. Bei extrem schnellen oder deutlich langsameren Rechnern sind entsprechende Faktoren anzubringen.

Es wird ersichtlich, daß bei gleicher Rechnerleistung als Folge höheren Systemkomforts Belastungen entstehen können, die

die verfügbare Leistung zu einem deutlich merkbaren Anteil konsumieren. Dieser Zusammenhang wird in Figur 5.9 verdeutlicht. Dabei soll "Wert" der insgesamt für den Anwender erzielbare Nutzen des Prozeßrechners sein. Darin fließt neben der eigentlichen Rechnerleistung auch die Benutzungsfreundlichkeit ein.

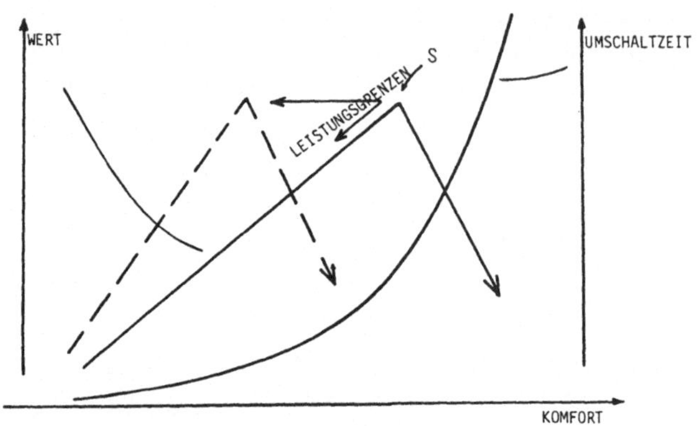

Figur 5.9: "Wert" eines Computersystems bei vorgegebener Problemstellung und festgelegtem Aufwand. In die Größe "Komfort" gehen sowohl das in Rechnerarchitektur (z.B. Anzahl der Register) als auch im Betriebssystem (z.B. Komplexität der Kontrollblöcke) implementierte Funktions- und Leistungsspektrum ein. Bei erhöhtem Komfort steigt die Umschaltzeit an.
Der "Wert" steigt zunächst mit zunehmendem Komfort an, sinkt dann aber wegen des höheren Umschaltaufwandes ab. Bei solchen Anwendungen muß der Scheitelwert S auf Kosten des Systemkomforts zu niedrigerem Umschaltaufwand verschoben werden.

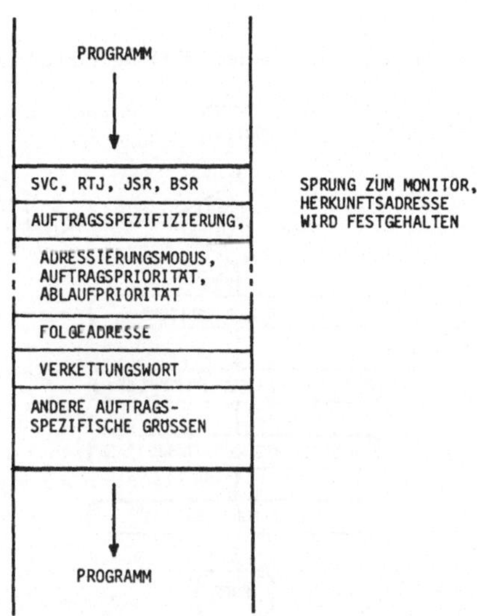

Figur 5.10: Parameterliste zur Übermittlung eines Auftrags oder einer Anforderung an das Betriebssystem.

5.4 Servicekomponenten

Von den einzelnen Programmodulen werden Aufträge und Anforderungen an das Betriebssystem über Parameterlisten in der gemäß Figur 5.2 erläuterten Weise übergeben. Üblicherweise werden diese Parameterlisten von den Sprachprozessoren erzeugt, wenn entsprechende Funktions- oder Subroutinenaufrufe im Programm enthalten sind. In den Assemblersprachen werden diese Listen in der Regel über Macro-Befehle erzeugt, die synonym für die erwartete Funktion stehen. So sind dort Kommandos wie READ, WRITE, GET, CONTROL für Ein-/Ausgabeoperationen, CORE, SPACE, RELEASE, GETMAIN, FREEMAIN, PTNCORE für die Speicherverwaltung, OPEN, CLOSE, DISK TRACK, GETFILE, DEFFILE, RELFILE für Dateizugriffsaktivitäten oder LOAD, SCHEDULE, TIMER, EXIT, ATTACH, DETACH, WAIT, POST, CANCEL, SUSPEND für Koordinierungsarbeiten zwischen verschiedenen Aufgaben vorgesehen. In jedem Falle resultiert ein solcher Auf-

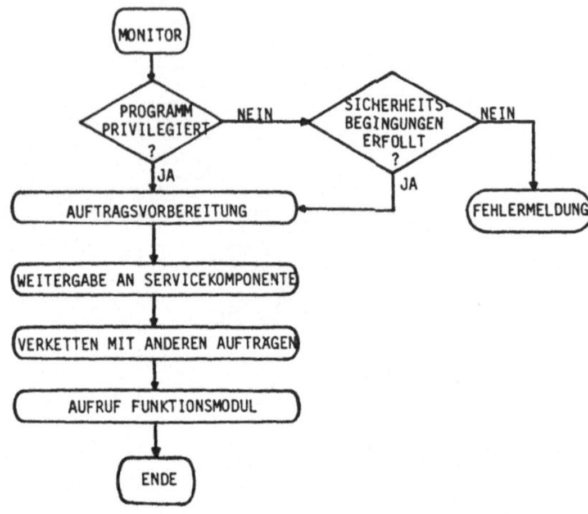

Figur 5.11: Arbeitsschema von Monitor und Servicekomponenten; Sicherheitsbedingungen wie Speicherschutz, Geräte- und Dateienzugriff müssen für nicht ausreichend priviligierte auftraggebende Programme gesondert überprüft werden.

ruf, gleichgültig ob er über einen Macro-Übersetzer, einen Funktions- oder einen Subroutinenaufruf generiert worden ist, in einer Liste, die im endgültigen Programmcode enthalten ist. Aufbau und Bedeutung der einzelnen Elemente einer solchen Liste werden in Figur 5.10 schematisch erläutert:

- Vor der eigentlichen Parameterliste ist in der
  Regel ein Sprungbefehl zu finden, der je nach
  Implementierung als Supervisor Call, Return Jump,
  Jump Subroutine oder Branch Subroutine realisiert
  ist. Dabei wird der Speicherplatz mit dem Beginn der
  Parameterliste an den Monitor übermittelt und kann
  dort sowohl zur Adressierung der Parameterliste
  selbst als auch zur Rückgabe der Kontrolle an das

aufrufende Programm verwendet werden.

- Es folgt die Auftragsspezifizierung, die Aufschluß
  über die eigentliche Auftragsart gibt. Aus der
  Auftragsspezifizierung errechnet der Monitor die zugeordnete Länge der Parameterliste und übergibt die
  weitere Bearbeitung des Auftrags nach Durchführung
  einer Reihe von Vorbereitungsoperationen an die zugehörige Servicekomponente.
- Der Adressierungsmodus gibt Auskunft, in welcher Art
  die im Auftrag übermittelten Adressen berechnet
  sind. Je nach System können neben absoluten Adressen
  auch relative oder indirekte Adressen übermittelt
  werden.
- Die Auftragspriorität legt die Vorrangstufe
  gegenüber anderen Aufträgen gleicher Art fest.
- Ablaufpriorität und Folgeadresse legen fest, mit
  welcher Vorrangstufe Aufgaben angestoßen werden
  sollen, die spezifiziert durch die Folgeadresse auf
  die Erledigung des Auftrags warten.
- In dem Verkettungswort werden Aufträge gleicher Art
  gemäß ihrer Priorität miteinander verknüpft. Ist
  keine Möglichkeit zur Unterscheidung nach Auftragspriorität gegeben, werden die einzelnen Aufträge
  sequentiell aneinander gereiht.
- Die weiteren Felder der Parameterliste enthalten je
  nach Auftrag unterschiedliche Informationen. Das
  Feld ist deshalb je nach Auftrag variabel in seiner
  Länge. Bei einfachen Ein-/Ausgabeoperationen sieht
  es Blocklänge, Speicherplatzadresse und Adresse oder
  Adressen für die peripheren Geräte vor und bei
  datei-orientierten Aufträgen sind zusätzlich Namens-
  felder für die Kennzeichnung der Dateien eingerichtet.

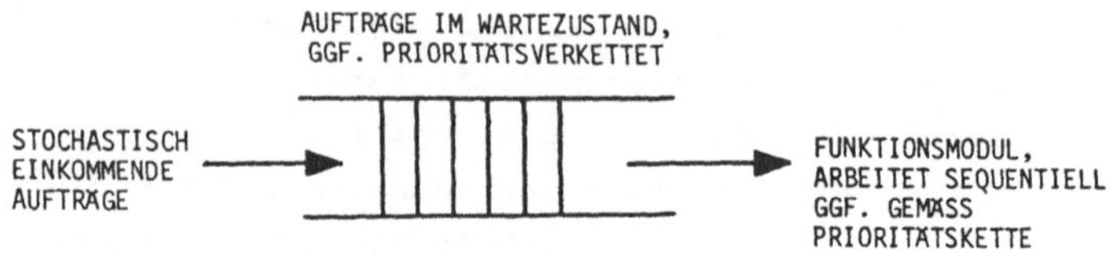

Figur 5.12: Entkoppelung von auftraggebendem Programm und Funktionsmodul.

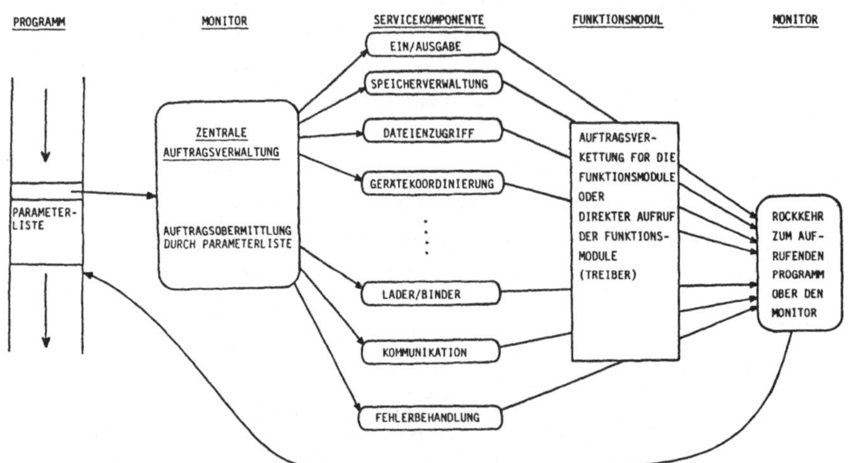

Figur 5.13: Organisationsschema für die Auftragsbearbeitung im Monitor und bei den Servicekomponenten. Die Aufträge werden zunächst im Monitor interpretiert. Nach einer Vorbereitungsphase werden sie an die Servicekomponten weiterdelegiert, die sie ihrerseits an schon vorhandene Aufträge anketten oder direkt an die Funktionskomponenten weiterleiten.

Der Auftrag wird durch den beschriebenen Sprungbefehl an den Monitor übergeben und dort gemäß dem in Figur 5.11 angegebenen Arbeitsschema behandelt. Über Monitor und Servicekomponente wird der Auftrag letztlich an das erwünschte Funktionsmodul

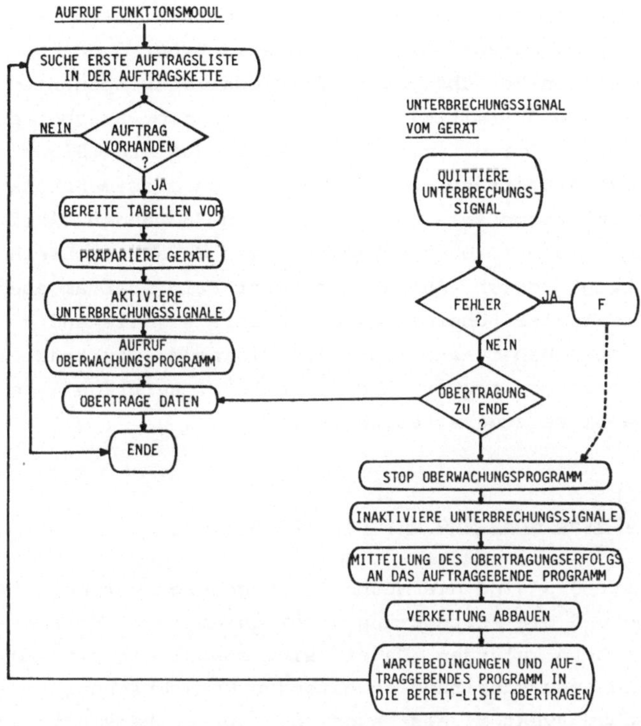

<u>Figur 5.14:</u> Arbeitsschema eines Funktionsmoduls (Treiberpro-
gramms) für die Datenübertragung zwischen Arbeitsspeicher und einem peripheren Gerät.

übermittelt. Auftraggeber und Auftragsausführer werden dabei insoweit entkoppelt, als die Bearbeitung abgegebener Aufträge gemäß dem Prioritätsschema unabhängig vom Auftraggeber und der Gesamtzahl der Aufträge erfolgt (Figur 5.12). Eine Gesamtübersicht über das Organisationsschema bei der Auftragsbearbeitung im Monitor und den Servicekomponenten wird in Figur 5.13 gegeben. Die im Beispiel als typisch angegebenen Servicekomponenten können in der Praxis variieren und durch eine Reihe weiterer Komponenten ergänzt sein. An die Funktionsmodule (Treiberprogramme) werden die vorbereiteten Auftragslisten entweder direkt oder durch die in Figur 5.3 angegebenen Verkettungstechniken übergeben. Die Funktionskomponenten übernehmen die so übermittelten Aufträge durch Abarbeiten der Listen. Dabei wird in der Regel das in Figur 5.14 beschriebene Arbeitsschema verfolgt. Nach diesem Schema wird das Treiberprogramm solange zwischen den Zuständen "Aktiv" und "Warten auf ein Unterbrechungssignal vom Gerät" wechseln - von Unterbrechungen durch Aufgaben höherer Priorität abgesehen - bis die Liste der übermittelten Aufträge vollständig abgearbeitet ist. Dabei kann durchaus ein neuer Auftrag während der Bearbeitung früher übermittelter Aufträge an die vorhandene Liste angekettet werden.

5.5 Prioritätsebenen und Umschaltmechanismen

In Abschnitt 3.5 sind die Mechanismen gezeigt worden, die eine Definition und die Ansteuerung unterschiedlicher Vorrangstufen im Rechnerkern zulassen. Dabei sind sowohl die mit und ohne direkter Adressumschaltung arbeitenden Unterbrechungstechniken (Unterbrechungsvektor) als auch die prioritätsdefinierenden Register innerhalb und außerhalb des Rechnerkerns beschrieben worden. Die so durch den Rechnerkern selbst festgelegten Prioritätsstufen sind in der Regel begrenzt durch die Länge der Maskenregister durch die Anzahl der anschließbaren Geräte oder andere in Abschnitt 4 erläuterten Einrichtungen in der Rechnerarchitektur. In gleicher Weise ist die Anzahl der verfügbaren Umschaltvektoren bei direkter Adressenumschaltung mit einem nicht unerheblichen Platzbedarf im Arbeitsspeicher des Rechners verbunden, so daß die Rechnerkonzeption zunächst versuchen wird, die Anzahl der so belegten Bereiche gering zu halten.

Genauso wie es bei einfachen Rechnerarchitekturen ohne

Maskenregister und Unterbrechungsvektoren, also ohne im Rechnerkern implementierten Prioritätsebenen und direkten Umschaltmechanismen, möglich ist, mit Hilfe geeigneter Programmeinrichtungen Prioritätsstufen zu definieren und Umschalteinrichtungen zwischen diesen Vorrangstufen zuzulassen, ist es möglich, in der Rechnerarchitektur vorhandene Prioritätsstufen durch geeignete Komponenten im Betriebssystem zu vervielfachen und bei dem Umschaltmechanismus durch analog aufgebaute Funktionsmodule in der Unterbrechungsanweisung entsprechend stärkere Verzweigungen zu erreichen. In der Praxis sind die Unterbrechungsanweisungen schon alleine deshalb über die von der Rechnerarchitektur angebotenen Umschalteinrichtungen hinaus diversifiziert, weil der Programmzustand durch mehr Informationen festgelegt ist als sie von den Sicherungseinrichtungen im Rechnerkern abgespeichert werden.

Die Zahl der anschließbaren Unterbrechungssignale kann in einfacher Weise erhöht werden, wenn jeder von der Rechnerarchitektur unterstützten Unterbrechungsmöglichkeit über ein Erweiterungsregister eine bestimmte Zahl von Anschlüssen zugeordnet wird. Die gegebenenfalls über einen Unterbrechungsvektor angestoßene Unterbrechungsanweisung muß sich jedoch im aktuellen Falle über eine Eingabeinstruktion die Werte in diesem Erweiterungsregister verschaffen, um über die endgültige Aktivierung eines oder mehrerer Programmodule zu entscheiden. Analog kann die Anzahl der Prioritätsebenen vervielfacht werden, indem jeder in der Rechnerarchitektur festgelegten Vorrangstufe die so vorgegebenen Unterteilungsstufen zugeordnet werden. In der Praxis können auf diese Weise bei 16-Bit Rechnern mit zunächst 16 Prioritätsunterscheidungen 256 Prioritätsebenen definiert werden. Es muß jedoch klar sein, daß die Aktivierungs- und Deaktivierungsmöglichkeiten einzelner Unterbrechungssignale nur durch zusätzliche Ausgabeoperationen an einzurichtende Schaltfunktionen bei den Erweiterungsregistern ähnlich dem Maskenregister im Rechner

selbst erreicht werden können. Wenn eine solche Einrichtung
nicht vorhanden ist, können lediglich ganze Signalgruppen
aktiviert und deaktiviert werden.

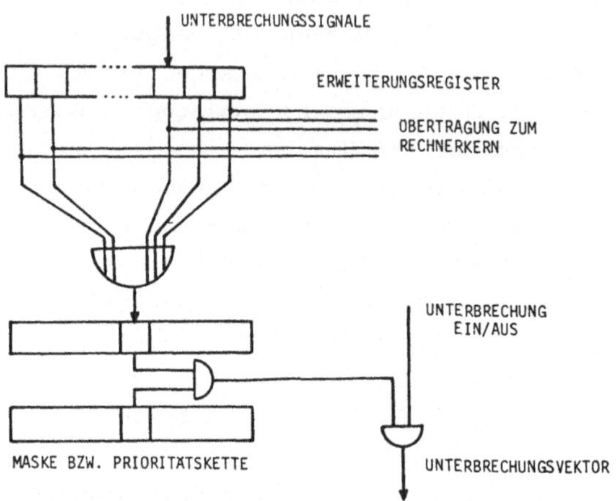

<u>Figur 5.15:</u> Erweiterungsregister zur Erhöhung der Anschlüsse
für Unterbrechungssignale und der zugeordneten
Prioritätsebenen.

Bei Prozeßrechnern ohne Unterbrechungsvektor-Einrichtungen ist
der Umschaltvorgang trivial. Sobald die Unterbrechung zugelassen ist und eine Unterbrechungsanforderung vorliegt, wird
die Zustandsinformation der einzelnen angeschlossenen Geräte
in einer vorgegebenen Reihenfolge abgefragt. Über eine Programmunterbrechung wird auf Grund der so erfaßten Daten
entschieden.

Bei Rechenanlagen mit Unterbrechungsvektor wird für jede von
der Rechnerarchitektur vorgesehene Unterbrechungsebene ein
bestimmter Bereich im Arbeitsspeicher reserviert wie in Figur
5.16 erläutert. Je nach Rechnerimplementierung unterscheiden
sich die Unterbrechungsvektoren. Das hier angegebene Beispiel
enthält die typischen Elemente.

- Der Sicherungsbereich dient dem schnellen Ablegen
  bestimmter Register, mindestens also des Programmzählregisters oder des Programmstatuswortes. Bei
  Stack-Prozessoren wird in der Regel der Stack
  unmittelbar an Stelle dieser Sicherungsbereiche verwendet.
- Die Adresse gibt die Startposition der nachfolgend
  auszuführenden Unterbrechungsanweisung an.
- Bei tabellen-orientierten System kann das
  Ereigniswort das Unterbrechungssignal innerhalb der
  angestoßenen Aufgabe näher spezifizieren.
- Die "Priorität" gibt, wenn sie im Unterbrechungsvektor definiert ist, die Vorrangstufe des aufgerufenen Programmes an.

Als Folge des akzeptierten Unterbrechungssignals wird die
Unterbrechungsanweisung aktiviert. Gemäß dem in Figur 5.16
angegebenen Ablaufschema wird der Zustand des unterbrochenen
Programms an der im System vorgesehenen Stelle konserviert;
die neue Prioritätsstufe wird festgelegt und andere vorbe-
reitende Aufgaben werden übernommen, wenn dies im System vorgesehen ist. Die angeforderte Aufgabe wird "Bereit" und je
nach System unmittelbar oder über Zwischenschaltung der
Aktivierungsanweisung bearbeitet. Ist die aufgerufene Aufgabe
abgearbeitet worden, folgen die in den "Bereit-Listen"
konservierten Aufgaben nach einer erneuten Zwischenschaltung
der Aktivierungsanweisung gemäß ihrer Prioritätszuordnung.

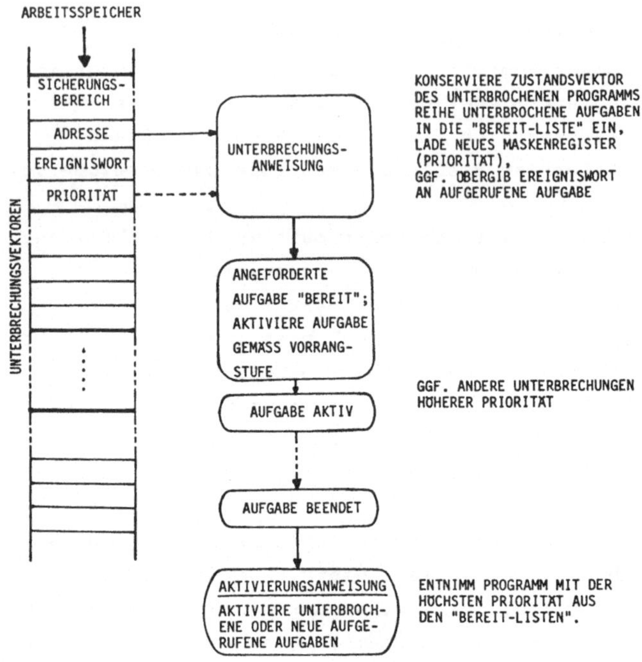

<u>Figur 5.16:</u> Ablaufschema bei der Behandlung von Unterbrechungssignalen in Rechnern mit Unterbrechungsvektoreinrichtungen.

5.6 <u>Dateienorganisation</u>

Leistung und Funktionsspektrum eines Prozeßrechners werden in bestimmender Weise mit charakterisiert durch die vom System angebotenen Mechanismen zur Dateienbehandlung. Solche Techniken werden keinesfalls nur in den anwender- und benutzernahen Aufgabenbereichen bei der Meßdatenbehandlung oder der Programmentwicklung benötigt; auch innerhalb des Betriebssystems selbst kann das insgesamt angebotene

Funktionsspektrum durch Implementierung und Nutzung einer effizienten Dateienorganisation in wesentlicher Weise günstig gestaltet werden.

Generell müssen die Mechanismen der Dateienorganisation in jedem Fall zunächst drei Aufgabenklassen erfüllen:

- Speichern von Daten oder Programmen,
- Wiederauffinden und
- Verändern von Dateien.

Dabei können die Daten oder Programme allen Aufgabenbereichen zugeordnet sein. Beispielhaft sollen typische Dateien in einem Prozeßrechner aufgezählt werden:

- Quellprogramme im Klartext,
- Binärprogramme in ladbarer Form,
- Lademodule mit allen zugehörigen Binärprogrammen in
  bereits gebundener Form,
- Systemprogramme,
- Meß- und Ergebnisdateien jeglicher Form gemäß den in
  Abschnitt 2, Figuren 2.4, 2.12 oder 2.13 erläuterten
  Aufgabenbereichen oder
- Dateien mit Informationen und Anweisungen zur
  Steuerung und Überwachung eines technischen Pro-
  zesses.

Dabei können sich die Organisationsformen je nach Geschwindig-keitsanforderungen, nach der Zahl der zu verwaltenden Dateien und nach Dateienvolumen erheblich unterscheiden. Der zunächst genannte Aufgabenkreis mit Speichern, Wiederauffinden und Ver-ändern wird deshalb je nach Betriebssystemimplementierung durch zusätzliche Funktionen erweitert, die ebenfalls schematisch aufgezählt werden sollen:

- Unterstützung symbolischer Dateinamen,
- Zugriffskontrolle und Schutzmechanismen bei Mehrfachzugriff,
- Dateienverlagerungsmechanismen,
- Dateiensicherungsmechanismen gegen Zerstörung im Fehlerfalle oder bei Benutzerfehlern,
- Verwaltung des Speicherbereichs für Dateien auf externen Datenträgern,
- Führung von Listen über Zugriffe und Veränderungen.

Bei dem Aufbau einer Datei - im Angelsächsischen werden die Bezeichnungen "Data Set" oder "File" gebraucht - unterscheidet man verschiedene Techniken, die je nach Dateiengröße und Dateienzahl unterschiedliche Funktionen und Leistungen anbieten. Dabei ist die elementare Einheit einer Datei jeweils eine bestimmte Datenmenge, im Angelsächsischen als "Record" bezeichnet, die bei jeder Aktivität in ihrer Gesamtheit bearbeitet wird. Eine Gruppe solcher Elemente kann in "Blöcken" zusammengefaßt die Datenmengen den physikalischen Gegebenheiten auf dem datenspeichernden Gerät, beispielsweise den Spuren auf einen Magnetplattenspeicher anpassen.

Für die Effizienz bei der Arbeit mit Dateien sind zwei Mechanismen entscheidend:

1. Die Organisation des Auffindens einer in der Regel mit einem symbolischen Namen versehenen Datei und
2. die internen Organisationsformen einer Datei.

Ähnlich dem Katalog in einer großen Bibliothek können die Namen der einzelnen Dateien oder der Dateielemente sequentiell hintereinander aufgelistet sein und mit einer Information über Adresse und Länge der gespeicherten Datei versehen sein (Figur 5.17). Beim Aufruf einer Datei wird der gesuchte Dateiname sequentiell mit dem Namen in der Kataloglliste verglichen; bei

Übereinstimmung wird die Datei von der durch die angegebene Adresse gekennzeichnete Stelle geladen. Neue Dateien werden durch Einfügen am Ende in den Bibliothekskatalog aufgenommen.

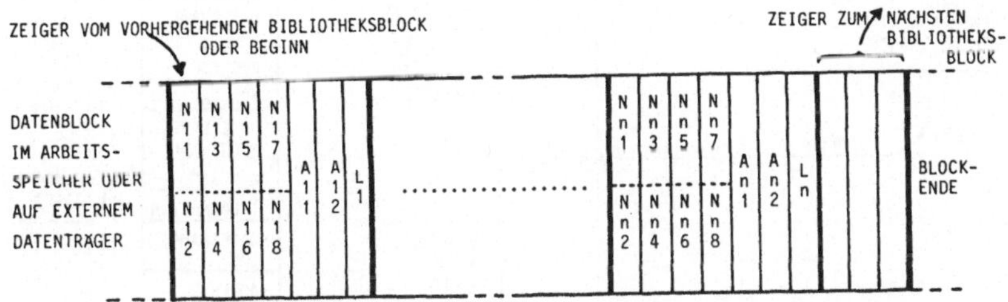

Figur 5.17: Sequentiell organisierte Liste mit den Dateinamen und den Adressen für einen externen Datenträger einer Programm- oder Dateienbibliothek in einem Rechner mit einer Wortlänge von 16 Bit. "Ni1" bis "Ni8" sind die Zeichen des jeweiligen Programmnamens; "Ai1" und "Ai2" gibt an, wo das betreffende Programm auf einem als Bibliothekseinheit eingesetzten peripheren Gerät (z.B. Magnetplattenspeicher) zu finden ist. "Li" enthält die Programmlänge in Speicherplätzen. Das Ende der Liste wird durch eine bestimmte, nicht legale Adressenkombination "Ai1Ai2" gekennzeichnet.

Es ist evident, daß diese Organisationsform bei größeren Bibliotheken zu langen Suchzeiten führen wird. Bei Systemen mit einer größeren Zahl von Dateien wird man deshalb leistungsfähigere Mechanismen implementieren; beispielsweise kann der Bibliothekskatalog über Verkettungsvektoren alphabetisch, möglicherweise zusätzlich nach Fachgebieten unterteilt, geordnet sein in der gleichen Weise wie der Katalog einer Bücherei ein schnelleres Auffinden eines gesuchten Buches durch entsprechende Registereinteilungen ermöglicht. In der Praxis hat sich jedoch eine als "Hash-Verfahren" bezeichnete

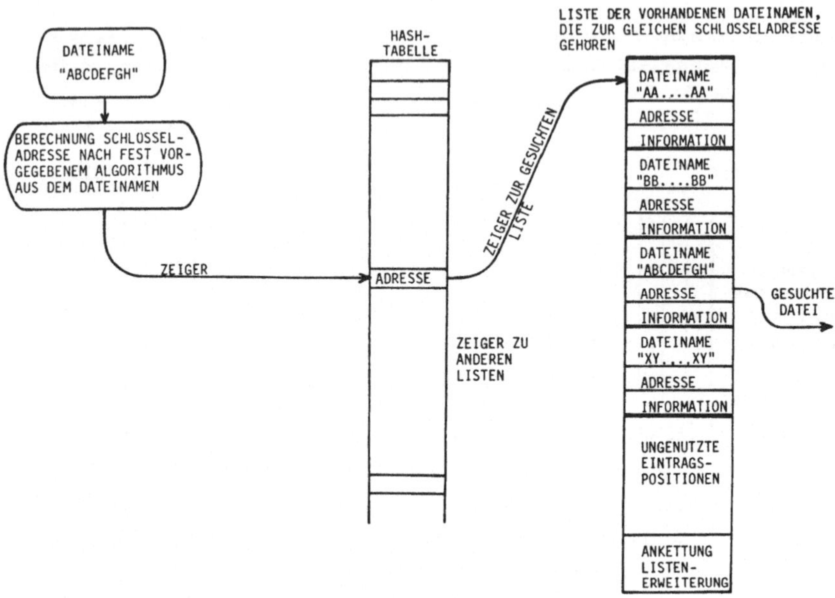

Figur 5.18: Suchstrategie zum schnellen Auffinden von Dateien
mittels Hash-Codierung.

Technik bewährt (Figur 5.18). Dabei wird aus den Dateinamen
über einen vorgegebenen Algorithmus eine Adresse innerhalb der
"Hash-Tabelle" berechnet, die ihrerseits zu einer Liste von
Dateien zeigt, deren Namen im vorgegebenen Algorithmus zur
gleichen Schlüsseladresse führen. Bei der Wahl des
Hash-Algorithmus ist man frei; einzige Bedingung ist Ein-
deutigkeit in der Weise, daß die berechnete Schlüsseladresse
nur von dem Namen der Datei abhängen darf.

Zur Erfüllung der Aufgaben des Betriebssystems sind neben den
Dateinamen, den Adressen und den Informationen über die
Dateiengröße noch andere Daten für die mit dem Dateienzugriff
verbundenen Tätigkeiten notwendig. Soll beispielsweise ein
Programm aus der Programmbibliothek zur Ausführung gebracht

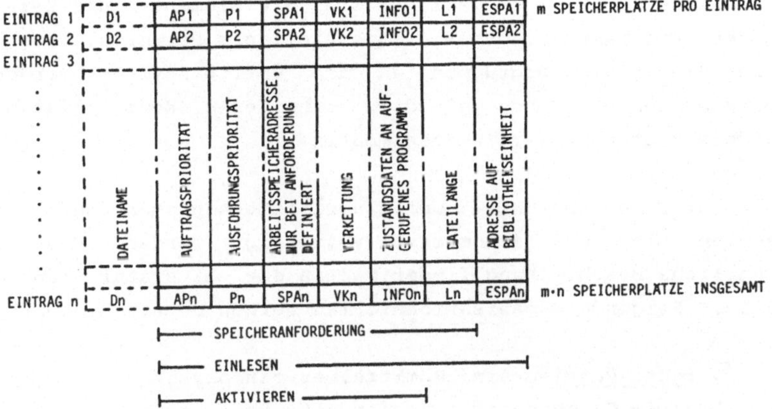

Figur 5.19: Organisationsschema einer Bibliotheksliste für betriebssystemnahe Aufgaben. Die Einträge sind im Speicher sequentiell abgelegt. Nacheinander kann die Liste als Parameterfeld für eine Sequenz von Aufträgen an das Betriebssystem verwendet werden, die aus dem Aufruf eines Programms oder einer Datei hervorgeht; der Dateiname kann bei bestimmten Implementierungsformen entfallen; er wird dann durch eine fest zugeordnete Datei- bzw. Programmnummer ersetzt.

werden, so sind dazu vier Einzelaktivitäten des Betriebssystems erforderlich, (die ihrerseits in der vorher erläuterten Weise noch in anderen Aktivitäten des Systems resultieren):

1. Aufsuchen des Programms aus der Programmbibliothek,

2. Anforderung des Arbeitsspeichers für das Programm,

3. Einlesen des Programms,

4. Aktivieren des Programms.

In Figur 5.19 wird gezeigt, wie die Elemente des Katalogs einer Programmbibliothek sequentiell als Parameterliste für die vier Auftragsgruppen an das Betriebssystem verwendet werden können, ohne daß die vorhandenen Kontrolldaten in andere Listen kopiert werden müßten.

Die internen Speicher- und Zugriffsmechanismen von Dateien sollen hier nur schematisch aufgezeigt werden. Eine ausführliche Beschreibung findet man in der Literatur (Ku6, We2, St2). Folgende Organisationsformen werden unterschieden:

- <u>Direkte Dateien</u> sind unmittelbar den physikalischen Gegebenheiten zugeordnet. Das Programm
  greift auf die Datenelemente (angelsächsisch
  "records") zu, indem es die tatsächlichen Adressen
  angibt.
- <u>Sequentielle Dateien</u> werden immer in ihrer Gesamtheit bearbeitet; sie haben eine feste Länge und
  wachsen nur durch Hinzufügen sätzlicher Daten am
  Ende.
- <u>Unterteilte Dateien</u> (angelsächsisch "partitioned")
  bestehen aus einem Satz gleichartiger Dateien, die
  in ihrer Stuktur sequentiell aufgebaut sind; die
  Datei verfügt demgemäß über eine eigene Katalog-
  struktur für die einzelnen Datensätze.
- <u>Indizierte Dateien</u> garantieren über eine
  Index-Tabelle einen schnellen Zugriff auf einzelne
  Elemente (records) einer Datei; die Datei selbst
  kann sequentiell organisiert sein.
- <u>Listendateien</u> verketten die einzelnen Elemente
  (records) über Zeiger ähnlich den in den vorhergehenden Abschnitten beschriebenen Techniken. Die
  Elemente können schnell gefunden und verändert oder
  gelöscht werden. Neue Elemente lassen sich leicht
  hinzufügen; die einzelnen Elemente können in viel-

facher Weise miteinander verkettet sein; man unterscheidet neben anderen sequentielle Listen, Viel-
fachlisten, invertierte Listen, Ringstrukturen,
hierarchische Strukturen, Baumstrukturen.

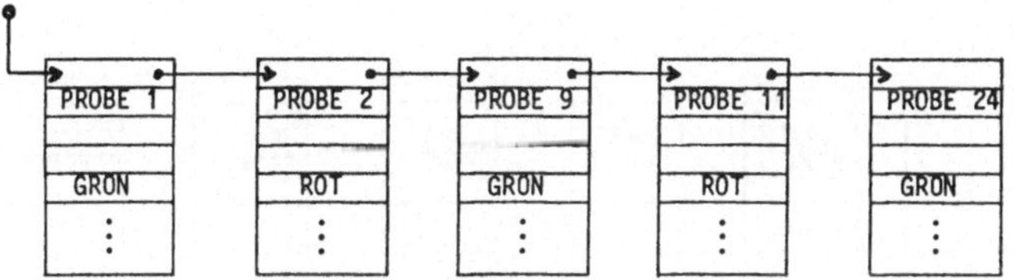

<u>Figur 5.20:</u> Einfache Listen-Datei.

Besonders wichtig in der Prozeßdatenverarbeitung in der
Fertigung und im Labor sind die zuletzt genannten Verkettungstechniken in den Listen-Dateien. In Figur 5.20 wird eine
einfache Listen-Datei schematisch angegeben. Die einzelnen
Elemente (records) der Datei sind über eine Zeigerinformation
verkettet. Die Elemente enthalten alle Informationen im
Detail. Figur 5.21 zeigt die gleichen Daten für eine zweifach
verkettete Listen-Datei. Dabei werden insgesamt drei Listen
geführt und jedes Element ist über zwei Zeigerinformationen in
diese Liste eingebettet. Eine Liste gibt Auskunft über eine
bestimmte Eigenschaft, die andere Liste gibt die alphabetische
Reihenfolge an. Die Eigenschaften selbst werden in den Datenelementen (records) nicht gespeichert. Die invertierte
Listen-Datei in Figur 5.22 führt diese Methode konsequent fort
und überträgt die meisten Eigenschaften in einen Schlüsselab-
schnitt, der neben der Eigenschaft eine Reihe von Zeigerinformationen zu den Datenelementen enthält. Mit diesem Verfahren lassen sich Suchoperationen besonders einfach und
schnell realisieren. Für die Leistungsfähigkeit eines
Betriebssystems für Prozeßrechner charakteristisch ist die
Zugriffstechnik auf Dateien und Programme. Besonders im zeitkritischen Betrieb hängt der unter 5.3 erläuterte "Wert" eines

Prozeßrechners von der Effizienz dieser Techniken ab, weil die
Verfügbarkeit von Daten und Programmen mit einer zunehmenden
Verfeinerung der Arbeitsprozesse in allen Anwendungsbereichen
korreliert ist.

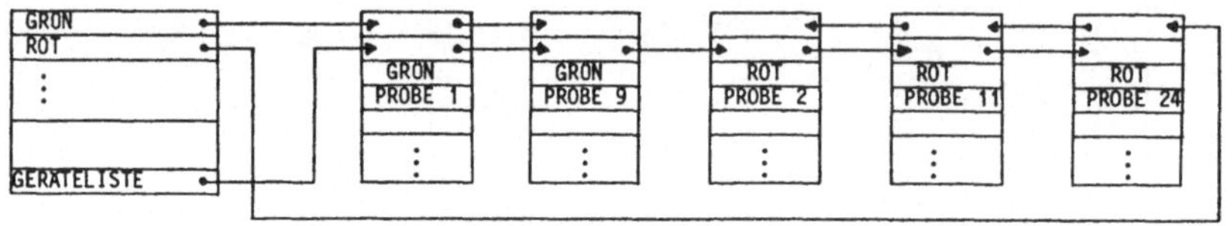

Figur 5.21: Listen-Datei; die Elemente der Datei sind über
verschiedene Eigenschaftszeiger untereinander verkettet. Neue Elemente werden durch Aufbrechen der
Kette eingereiht. Die möglichen Eigenschaften sind
festgelegt.

SCHLÜSSEL	ZEIGER			76	GRÜN, PROBE 9, ...
GRÜN	76, 23, ...				
ROT	196, 1026, ...		196	ROT, PROBE 2, ...
⋮			1026	ROT, PROBE 11, ...
GERÄT 1	76, 23, ...		196	ROT, PROBE 24, ...
⋮			23	GRÜN, PROBE 1, ...

Figur 5.22 Invertierte Listen-Datei; die möglichen Eigenschaften sind festgelegt; neue Eigenschaften
können jedoch in einfacher Weise durch Erweiterung
der Schlüssel-Liste aufgenommen werden.

5.7 Speicherverwaltung

Die Konzeption von Prozeßrechenanlagen bezieht in ihre Arbeitsweise drei unterschiedliche Speicherbereiche ein. Der Arbeitsspeicher dient dem unmittelbaren Zugriff auf einzelne Datenelemente zur Durchführung der Verknüpfungsoperationen im Rechnerkern; zwischen dem direkt adressierbaren Großspeicher, heute in der Regel einem Magnetplattenspeicher unterschiedlicher Technologie und dem Arbeitsspeicher können größere Datenmengen blockweise ausgetauscht werden; sequentiell können Daten auf externen Datenträgern abgesetzt werden oder von dort in den Rechner übernommen werden.

Für die gleichzeitig überlappende Arbeitsweise des Prozeßrechners ist es besonders bei komplexeren Aufgabenstellungen essentiell, schnell auf Daten und Programme im direkt adressierbaren Großspeicher zugreifen zu können, um sie im Arbeitsspeicher unmittelbar nach Anforderung verfügbar zu haben. Neben den vorher beschriebenen Zugriffstechniken auf Programme und Daten im Großspeicher muß deshalb ein Mechanismus vorhanden sein, der den benötigten Bereich im Arbeitsspeicher des Rechners in der geforderten Zeit bereitstellt. Üblicherweise wird deshalb auch der Arbeitsspeicher des Prozeßrechners in Abschnitte eingeteilt, denen unterschiedliche Prioritäten für die Zuteilung von Arbeitsspeichern zugeordnet sind. Die Regel dabei wird sein, daß ein Speicherbereich für höhere Vorrangstufen nicht für Aufgaben niedrigerer Priorität in Anspruch genommen werden kann. In der Praxis wird dieser Anspruch je nach Adressierungsmechanismen der Rechnerarchitektur in unterschiedlicher Weise erfüllt werden. Die Realisierungsform wird davon abhängen, ob der Arbeitsspeicher von der Rechnerarchitektur unterstützt in Seiten oder Segmente eingeteilt ist oder nicht. In jedem Falle werden jedoch Tabellen Auskunft geben über die Zuordnung einzelner Speicherabschnitte zu den verschiedenen Zuordnungsprioritäten.

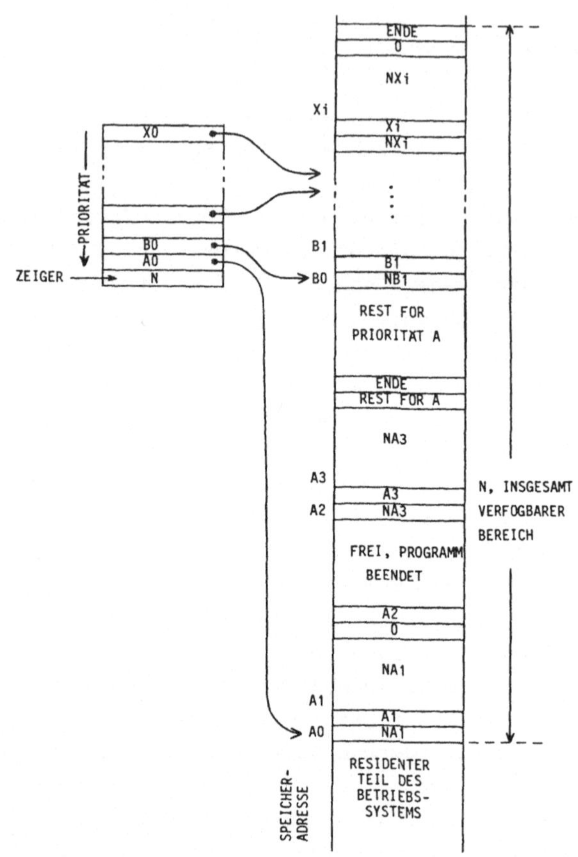

Figur 5.23: Prioritäts-orientierte Arbeitsspeicher-Verwaltung über verkettete Blockbereiche zur dynamischen Zuteilung an Aufgaben unterschiedlicher Priorität; Aufgaben höherer Priorität stellen die Speicherbereiche für niedrigere Zuteilungsprioritäten ebenfalls zur Verfügung, während den Aufgaben niedrigerer Priorität die höherer Priorität zugeordneten Bereiche nicht zugeordnet werden dürfen.

Ein einfaches Verwaltungsschema für die Verwaltung eines dynamisch zuteilbaren Arbeitsspeicherbereiches wird in Figur 5.23 angegeben. Eine Aufgabe der Prioritätsklasse A kann alle Bereiche der Prioritätsstufen A, B bis X in Anspruch nehmen; das Funktionsmodul für die Zuteilung des angeforderten Speicherbereiches wird jedoch zunächst versuchen, die Anforderung aus dem Speicherbereich zwischen den Adressen AO und BO zufriedenzustellen. Erst wenn dies wegen anderer Aufgaben mit der Zuteilungspriorität A nicht möglich ist, wird auf die Bereiche niedrigerer Zuteilungspriorität zugegriffen. Kann die Anforderung auch dort nicht erfüllt werden, so muß eine Aufgabe niedrigerer Priorität temporär aus dem Arbeitsspeicher auf ein Massenspeichergerät ausgelagert werden, um erst nach Erledigung der Aufgabe höherer Priorität zur weiteren Bearbeitung wieder in den Arbeitsspeicher zurückübertragen zu werden. Man bezeichnet diese Auslagerungstechnik im Angelsächsischen als "SWAP" oder "SWAP-OUT" und "SWAP-IN".

Generell sind mit dieser Verfahrensweise eine ganze Reihe von Kontrolloperationen verbunden und die verschiedenen Betriebssysteme lösen die umfangreichen Leistungs- und Sicherheitsanforderungen in unterschiedlicher Weise. Zur näheren Behandlung der je nach Rechnerarchitektur implementierten Aufteilungs- und Zuteilungsstrategien wird auf die Unterlagen der Hersteller von Prozeßrechnern verwiesen.

6 Programmiersprachen für sensor-orientierte und zeitkritische Anwendungen

Ähnlich wie bei frühen Rechenanlagen für numerische Anwendungen war das Programmieren eines Prozeßrechners noch in der zweiten Hälfte der sechziger Jahre ein unmittelbarer Kontakt mit der Maschinenarchitektur in Form von Assembler-Befehlen. Im Interesse einer leichteren Benutzbarkeit wurden jedoch bald Betriebssysteme und Programmiersprachen entwickelt, die es dem Anwender gestatteten, die Arbeitsabläufe in einer für ihn klar definierten funktions- und anwendungsorientierten Sprache festzulegen. Anders als bei den höheren Programmiersprachen für numerische und zeichenorientierte Datenverarbeitung hat sich jedoch nicht mit gleicher Konsequenz bei den Prozeß-rechnern eine Einheitlichkeit finden lassen, wie wir sie bei den Programmiersprachen ALGOL, COLBOL, FORTRAN, PL/1 oder neuerdings PASCAL finden. Zwar verfügten Prozeßrechner schon recht bald ebenfalls über FORTRAN oder auch andere Compiler; für die prozeßspezifischen Anwendungen waren sie jedoch meist nur eingeschränkt verwendbar und einsetzbar. Ein großes Spektrum von unterschiedlichen Sprachprozessor-Entwicklungen finden wir deshalb noch heute vor und eine Standardisierung der prozeßspezifischen Sprachelemente läßt sich erst heute langsam erkennen.

6.1 Anforderungscharakteristika und Zielsetzung

Bei den für allgemeine Anwendungen in der Datenverarbeitung üblichen Programmiersprachen FORTRAN, COBOL, PL/I, PASCAL und anderen wird in der Umgebung des Sprachprozessors eine Rechnerumgehung realisiert, die weitgehend unabhängig von den tatsächlichen Gegebenheiten in der jeweils eingesetzten Rechenanlage ist. Für alle am Arbeitsprozeß beteiligten Größen stehen mit synonymen Namen bezeichnete Speicherbereiche, Geräte oder Dateien zur Verfügung, die in jedem Rechner durch den Sprachprozessor in standardisierter Weise etabliert sind. Eine solche Standardisierung ist einfach, da die Sprachprozessor-Umgebung neben dem Rechner mit dem Arbeitsspeicher nur über ein begrenztes, voll definiertes Gerätespektrum verfügt. Dazu gehören:

- Rechner
- Arbeitsspeicher
- Speicher für direkt zugreifbare Dateien
- Dialog-Gerät
- verschiedene Ein-/Ausgabegeräte wie Drucker, Kartenleser/stanzer oder Magnetbandgeräte.

Begriffe wie Priorität, Unterbrechung, Warten, Inter-Prozeß-kommunikation und anderes sind in den Sprachprozessor-Umgebungen dieser Art ursprünglich nicht vorhanden; neuerdings verfügen jedoch einige Sprachimplementierungen aus der jüngeren Vergangenheit (PL/I, PASCAL u.a.) über einzelne Elemente aus diesem Begriffsspektrum.

Anders bei den Anforderungscharakteristika der Anwendungsgebiete in der Prozeßdatenverarbeitung: von Aufgabenstellung zu Aufgabenstellung unterscheidet sich Zahl und Funktionsspektrum der zu bedienenden Geräte; der direkte Zugang zu diesen Geräten und die Kommunikation mit asynchron bearbeiteten anderen Aufgaben steht im Vordergrund.

6.2 Typische Sprachimplementierungen

Bei den früheren Versuchen zur Implementierung von Sprachprozessoren für sensor-orientierte und zeitkritische Anwendungen in der Prozeßdatenverarbeitung wurde versucht, von den vorhandenen Sprachen ausgehend eine Erweiterung für die prozeßspezifischen Aufgaben zu implementieren. Dabei wurden in der Regel im Betriebssystem der Rechenanlage Tabellenbereiche eingerichtet, die zur Ausführungszeit von Betriebssystemkomponenten interpretiert wurden. Die gewünschten Aktionen gingen aus den in diese Tabellen eingebrachten Daten hervor. Die Programmanweisung in dem vom Sprachprozessor erzeugten Kode sorgte für einen Datenaustausch zwischen den Tabellen und den Datenbereichen im Programm (Co2). Es liegt nahe, daß mit einer solchen Strategie nicht die eigentliche Leistung und auch nicht das volle sensor-spezifische Funktionsspektrum der Rechenanlagen in Anspruch genommen werden kann. Diesem Nachteil stehen die einfachere und leichtere Erstellung und die günstige Pflege der Programme gegenüber. Die Einschränkungen bei den in dieser Weise realisierten Funktionsspektren können die Nutzbarkeit für Anwendungen in der Prozeßdatenverarbeitung jedoch so stark reduzieren, daß der Vorteil der leichteren Programmierbarkeit alleine deshalb nicht zum Tragen kommt, weil in kritischen Anwendungsteilen doch auf die der jeweiligen Rechnerarchitektur nahestehenden Assemblersprachen zurückgegriffen werden muß. So werden bei einer Reihe von für Aufgaben in der Prozeßdatenverarbeitung implementierten höheren Sprachen Begriffe wie Priorität oder Unterbrechung (Interrupt) in keiner Weise gekannt oder auch nur gestreift (Do1, Dü7). Solche Implementierungen können demnach auch nicht ohne zusätzliche Hilfsmittel der bereits genannten Art in der Lage sein, die komplexen Anforderungen im sensor-orientierten, zeitkritischen Anwendungsfalle zu erfüllen.

Andere Sprachentwicklungen nutzen die Techniken von Betriebssystem und Rechnerkern in geschickter Weise und erreichen bei einem hohen Komfort der Programmerstellung und Programmpflege die anwendungsspezifischen Ziele der Prozeßdatenverarbeitung (Go1, Ho2, Ra1, Ru1). Allerdings wird in solchen Fällen mit der Möglichkeit des unmittelbaren Zugreifens auf Rechnerkern und Betriebssystem eine größere Verantwortung für die Betriebsstabilität auf den Anwender verlagert als dies bei höheren Sprachen üblich ist. Aspekte der Systemsicherheit werden bei einem freien Zugang zu den Betriebstabellen und zu den Schaltstellen des Systems weniger gut berücksichtigt sein können. So werden im Falle des noch näher zu beschreibenden PL-11 die in den Statements "Interrupt", "CAMAC Interrupt" und ähnlich spezifizierten Parameter nach der Compilationsphase unmittelbar in Unterbrechungsvektoren wie in Abschnitt 5 beschrieben umgesetzt,und während des Ladevorgangs an den entsprechenden Stellen im Arbeitsspeicher eingefügt. Eine Verpflichtung zu besonderer Sorgfalt des Anwenders ist damit unumgänglich.

Auch im Falle des klar konzipierten BASEX werden in den Statements "ON INT", "ENAB" oder "WAIT" globale Parameter angegeben, die in unmittelbaren Kontakt mit dem System gebracht werden. Allerdings müssen in bestimmten Fällen zusätzliche Programmkomponenten in die Grundsoftware eingegliedert werden, wenn die Forderungen nach schnellem Reaktionsvermögen des Prozeßrechners und einfachem Datenaustausch mit dem Gerät erfüllt sein sollen.

Eine interessante Sprachform für Aufgaben in der Prozeßdatenverarbeitung bilden die assemblerartig strukturierten Macro-Sprachen (Ho1, Ku2). Leicht erlernbare prozeßorientierte Befehlstypen und eine stark selbstdokumentierende Kodierungsform wird durch einen Übersetzungsprozeß in einen während der Ausführungsphase vom Betriebssystem oder vom Rechnerkern direkt interpretierten Code umgewandelt. Einfache Prioritätsdefinitionen und übersichtliche prozeßspezifische Kommandos bringen dem Anwender den unmittelbaren Kontakt mit seinem Problem. Im Falle der Nutzung einer Anlage für unterschiedliche Aufgaben sind auch die Sicherheitsaspekte geschickt durch den Zugriff auf unabhängige Referenzlisten während der Übersetzungsphase lösbar. Extrem zeitkritischen Aufgaben wird der

Übergang zu in Maschinensprache erstellten unmittelbar auf Prozessorebene arbeitenden Unterbrechungsroutinen angeboten, allerdings auch hier mit dem Nachteil der Umgehung der vom Sprachprozessor und Betriebssystem angebotenen Schutzeinrichtungen.

Bei zunehmender Leistung der Prozeßrechner werden sich längerfristig jedoch die den höheren Programmiersprachen nahestehenden Implementierungsformen durchsetzen, obwohl der höhere Komfort mit einer Einbuße an der eigentlich erzielbaren Leistung korrelliert ist (vergl. Abschnitt 5.3). Jedoch wird der relativ etwas höhere Aufwand für die gerätespezifischen Einrichtungen in Form schnellerer Prozessoren den ökonomisch günstigeren Bedingungen bei der Programmerstellung und der Programmpflege gegenüberstehen.

In den folgenden Abschnitten sollen einige typische Sprachprozessoren für Anwendungen in der Prozeßdatenverarbeitung beschrieben werden. Bewußt wird dabei auf eine Gegenüberstellung und auf eine Gewichtung von Vorteilen verzichtet. Für den potentiellen Anwender ist die Auswahl der für sein Aufgabenspektrum günstigsten Sprachprozessor-Umgebung jedoch von ganz erheblicher Bedeutung und kann in spürbaren Unterschieden bei dem zeitlichen Aufwand für die Programmentwicklung, die Dokumentation und die spätere Programmpflege resultieren.

6.2.1 <u>PEARL</u>

PEARL, Process and Experiment Automation Realtime Language wurde in der Bundesrepublik Deutschland seit 1969 als höhere Programmiersprache für die Implementierung von sensor-orientierten und zeitkritischen Aufgaben in der Prozeßdatenverarbeitung entwickelt. Konzeption und Implementierung des Sprachprozessors standen unter der Projektförderung des

Bundesministeriums für Forschung und Technologie. Besonders konzentriert hat sich die Sprachimplementierung auf:

- die Abwicklung zeitlich überlappend asynchron ab-
  laufender Vorgänge und
- die Anpassung an ein breites Spektrum von
  Peripheriegeräten unter Kontrolle des Anwenders.

Ziel war, es, eine den üblichen höheren Programmiersprachen entsprechende prozeßspezifische Sprache durch Einbettung der sensor-orientierten und zeitkritischen Anforderungen in die algorithmisch definierte Sprachumgebung zu realisieren. Implementierungen von PEARL gibt es seit 1974 (Ael, Sil).

PEARL kennt als separat zu übersetzende Einheit das "MODULE". Die Kommunikation zwischen den Modulen wird durch als "GLOBAL" definierte Größe erreicht (Figur 6.1). Die "GLOBAL" fest-gelegten Größen gelten systemweit. Im MODUL wird zwischen einem SYSTEM-Teil (System-Division) und der eigentlichen For-mulierung des Problems (PROBLEM-Division) unterschieden.

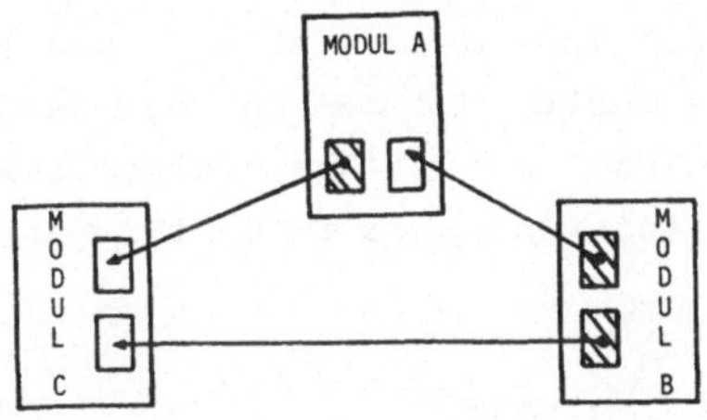

Figur 6.1: Unabhängige Module in PEARL und ihre Kommunikation über als "GLOBAL" definierte Größen.

In dem SYSTEM-Teil werden symbolische Gerätenamen und ihr An-schlußmechanismus festgelegt. Alle Geräte sind über jeweils einen "KANAL" angeschlossen, der einer Adresse auf dem Ein-/Ausgabe-Datenpfad des Rechners entspricht. In einer einfachen Prozeßkonfiguration sollen gemäß Figur 6.2 die Geräte

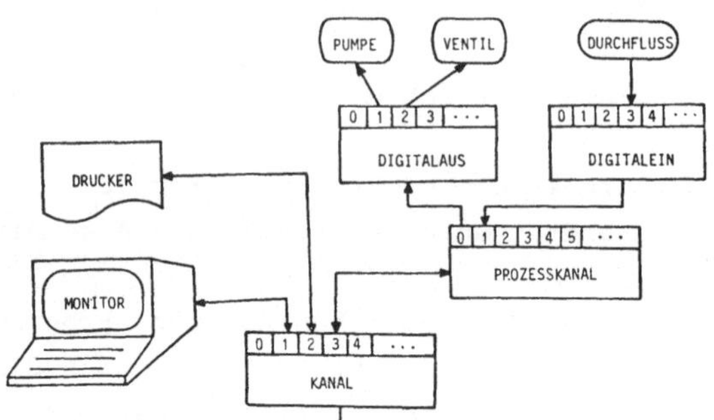

Figur 6.2: Geräteanschluß und seine Beschreibung im SYSTEM-Teil von PEARL.

"Bildschirm", "Drucker" und "Prozeßanschluß" über die Kanäle 1, 2 und 3 mit dem Rechner verbunden sein. Die Geräte "Drucker" und "Prozeßanschluß" sind systemweit festgelegt. Das Gerät "Bildschirm" ist mehrfach vorhanden. Am "Prozeßanschluß" sind an Kanal 0 ein "Digitalausgabekanal" und an Kanal 1 ein "Analogeingabekanal", de facto ein ADC, angeschlossen. Die eigentlichen Geräte, eine Pumpe und ein Ventil, sollen am "Digitalausgabekanal" an den Stellen (Kanal) 1 und 2 angeschlossen sein, das Gerät, von dem analoge Daten erfaßt werden sollen, ist mit Kanal 3 im "Analogeingabekanal" verbunden. Die definierenden Instruktionen im SYSTEM-Teil haben dann die folgende Form:

```
KANAL*1 ->MONITOR:M001;
KANAL*2 ->DRUCKER:;
KANAL*3<->PROZESSKANAL;
        PROZESSKANAL*0->DIGITALAUS;
                DIGITALAUS*1->PUMPE:;
                DIGITALAUS*2->VENTIL:;
        PROZESSKANAL*1<-ANALOGEIN;
                ANALOGEIN*3<-DURCHFLUSS:;
```

Jeder so definierte Datenweg kann in vier Formen Informationen
übertragen:

- Der Datenkanal (D) überträgt die eigentlichen
  Daten, die als Größen in PEARL definiert sind.
- Der Steuerkanal (C) nimmt die zur Steuerung des Ge-
  rätes nötigen Informationen auf. Sie werden in
  PEARL als eigener Datentyp definiert. Der Steuerka-
  nal wird durch Größen des Typs "CONTROL" ange-
  sprochen.
- Der Unterbrechungskanal (I) meldet Ereignisse vom
  Typ "INTERRUPT".
- Der Signalkanal (S) meldet Zustandsinformationen,
  die mit dem Typ "SIGNAL" definiert sind.

Neben den in üblicher Weise definierten Datentypen für Zahlen
und Zeichen (FIXED, FLOAT, CHARACTER und BIT) sind auch Datentypen für die Festlegung von Zeitpunkten und Zeitdauern vorgesehen mit

- CLOCK für Zeitpunkte (z.B. 23:46:27) und
- DURATION für Zeitdauern (z.B. 2HRS 37MIN 5SEC).

Die Benutzung eines definierten Ein-/Ausgabekanals wird durch
"CREATE" angefordert und durch "DELETE" freigegeben. "OPEN"
und "CLOSE" eröffnen und beschließen die eigentliche Übertragung von Daten während "PUT" bzw. "GET" die Datenübertragung
selbst auslösen.

Herausragendes Merkmal von PEARL sind die angenehmen Formu-
lierungsmöglichkeiten für die Abwicklung asynchroner Programmabläufe. Dazu gehören neben der Definition von "INTERRUPT"
die Festlegung einer "PRIORITÄT" eines mit Namen versehenen
Aufgabenabschnitts (TASK). An den folgenden PEARL-Statements
sollen die umfangreichen Möglichkeiten erläutert werden:

```
SPC      LEER    INTERRUPT;
         .
PUMPEN:  TASK    PRIO 10;        Vorratsbehälter füllen
         .
         END;
         .
DATEN:   TASK    PRIO 20;        übertrage Meßdaten an
         .                       Zentralrechner
         END;
         .
AT 8:0:0  ALL 1HRS UNTIL 18:0:0
                   ACTIVATE DATEN;
WHEN  LEER  ACTIVATE  PUMPEN;
```

Die Synchronisation zwischen verschiedenen Aufgaben und der exclusive Zugriff auf Betriebsmittel werden neben dem bereits erwähnten "ACTIVATE" durch "SEMA" und "BOLT" ermöglicht. Mit diesen Operationen wird auch der erforderliche Geräte- und Modulschutz gegen unerwünschte Zugriffe erreicht. Die Programmtechnik wird am folgenden Beispiel erläutert:

```
DCL      AUSGABE    SEMA;
DCL      GERAET     BOLT;
         .
REQUEST AUSGABE;            das Programm "AUSGABE" wird ange-
         .                 fordert; wenn es nicht verfügbar
         .                 ist, verbleibt die aufrufende
         .                 Aufgabe im Zustand "Warten".
RELEASE AUSGABE;           das Programm "AUSGABE" wird
                           freigegeben.
RESERVE GERAET;            verlangt exklusiven Zugriff;
                           "Warten" wenn nicht möglich.
FREE    GERAET;            Exklusiv-Zugriff wird freigegeben.
```

Enter   GERAET;   verlangt nicht exklusiven, z.B.
                          "lesenden" Zugriff für die
                          Datenerfassung.
LEAVE   GERAET;   gibt "lesenden" Zugriff frei.

6.2.2 BASEX

Als interactive Programmiersprache für sensor-orientierte und
zeitkritische Anwendung hat sich BASEX (Go1) seit einer Reihe
von Jahren bewährt. Der Sprachprozessor ist auf der weit verbreiteten Dialog-Sprache BASIC aufgebaut und umfaßt neben dem
Sprachumfang von BASIC eine Reihe weiterer für die Prozeßdatenverarbeitung spezifische Sprachelemente. BASEX zeichnet
sich durch den dialog-orientierten Aufbau und seine einfache
und leicht erlernbare Struktur aus. BASEX oder BASEX-ähnliche
BASIC-Varianten sind auf einer Reihe von Prozeßrechnern implementiert (Co7, De3, Di7, Hp3, Un1); sie sind besonders für
weniger komplexe Anwendungen in der Prozeßdatenverarbeitung
geeignet.

Neben dem in BASIC definierten Sprachumfang verfügt BASEX im
wesentlichen über die im Folgenden zusammengestellten prozeßspezifischen Erweiterungen:

- EQUI als Macro-Definition einer Eingabevariablen;
- EQUO als Macro-Definition einer Ausgabevariablen;
- PUT als Ausgabestatement; dabei wird die mit EQUO
  dfinierte Macro_anweisung durchlaufen;
- START als Aktivierungsanweisung für andere Aufgaben
  mit unterschiedlicher Priorität;
- STOP als Anweisung zur Inaktivierung;
- AFTER als Zeitauftragsanweisung;
- ONINT für die Behandlung von Unterbrechungssignalen;
- ENAB für die Aktivierung von Unterbrechungssignalen;

- WAIT als Anweisung für die Synchronisierung mit
  anderen Aufgaben.

Bestimmte jeweils vom Systemstandard festgelegte Register für
die Dateneingabe und -ausgabe, Zählereingänge sowie analoge
Ein- und Ausgabekanäle werden durch Variable wie INW(x),
IND(x), OUTW(x), OUTD(x) oder INA(x) bezeichet.

Die folgenden Beispiele sollen die Klarheit und einfache Er-
lernbarkeit der prozeßspezifischen BASEX Kommandos dokumen-
tieren:

<u>Datenerfassung und Datenausgabe:</u>

Die Anweisungen EQUI und EQUO erzeugen für Dateneingabe
(Input) und Datenausgabe (Output) einen Makro-Code, der bei
Aufruf der so definierten Variablen durchlaufen wird. Am Ende
des Makro-Codes muß jeweils ein Rücksprung (R) definiert sein.
Die Mechanismen sollen durch das Beispiel erläutert werden:

```
100   EQUI TEMPER = %...Bin#rcode...R%
110   EQUI GRENZ  = %...Bin#rcode...R%
120   EQUO PUMPE  = %...Bin#rcode...R%
140   EQUO WINKEL = %...Bin#rcode...R%
        .
250   PRINT TEMPER
260   IF GRENZ = 1 THEN 500
270   LET WINKEL = W + 1
        .
500   LET PUMPE  = 1
        .
```

<u>Aktivierungsanweisung und Unterbrechungsanweisung</u>

Mit dem Kommando "START" werden Programmteile von anderen Programmen her aktiviert.   Der aufgerufene Programmteil wird von der Aktivierungsanweisung mit der spezifizierten Priorität zum Ablauf gebracht. Dabei kann die Priorität beliebig höher oder tiefer als die des aufgerufenen Programms sein.   "ONINT" verknüpft ein im System vorhandenes und definiertes Unterbrechungssignal mit einer Programmadresse. "ENAB" und "INHIBIT" sorgen für die programmtechnische An- und Abschaltung einer Unterbrechungsmöglichkeit.   Die Arbeitsweise der insgesamt verfügbaren Anweisungen soll durch das Beispiel erläutert werden. Die Erklärungen sind in den durch "REM" (Remark) gekenn-zeichneten Statements enthalten.

```
 80    REM PRIORITAET = 0
 90    REM NACH 30 SEK AKTIVIERE PUMPEN
100    AFTER 30000: START 5 : 700
110    ONINT 5: GOTO 600
120    ENAB  5
130    STOP
         .

600    DISAB 5
610    LET ALARM = ALARM + 1
620    PRINT "ACHTUNG UEBERLAUF"
         .
       STOP
         .

700    REM PRIORITAET = 5
710    LET MESW = TEMP*ALPHA-BETA
         .
750    STOP
```

An diesem Programmauszug wird klar, wie einfach prozeßspezifische Probleme in der Programmiersprache BASEX formuliert werden können. Eine gewisse Schwierigkeit wird dem Anwender allenfalls aus der Festlegung der beschriebenen Makro-Anweisung für die Ein-/Ausgabe der Prozeßdaten erwachsen. Bei wenig komplexen und seltener veränderten Anwendungen können diese systemspezifischen Programmteile jedoch von einem Spezialisten implementiert sein, während die eigentlichen programmtechnischen Festlegungen dem Anwender überlassen bleiben können.

6.2.3 Eine Programmiersprache für CAMAC

In Abschnitt 4.4.1 wurde der rechnerunabhängige Schnittstellenstandard CAMAC erläutert. Es liegt nahe, für einen mit Konsequenz in allen Einzelheiten festgelegten Mechanismus für den Datenaustausch zwischen Geräten und Prozeßrechnern dieser Verbreitung auch eine Programmiersprache zu implementieren, die auf den Einsatz und die spezifischen Charakteristika zugeschnitten ist. Diese Aufgabe hat sich die Software Working Group des ESONE-Komitees (European Study Group on Nuclear Electronics) gestellt, die auch den CAMAC-Standard erarbeitet hat. Dabei war es ein Ziel, die neu festgelegten, auf CAMAC zugeschnittenen Sprachelemente in Verbindung mit einer anderen Programmiersprache benutzen zu können, gleichgültig ob dies eine Assembler-Sprache oder eine andere höhere Programmiersprache sein würde.

Die Elemente der Sprache sollten von Anfang an synonym mit den üblichen, im CAMAC-Jargon verwandten Bezeichnungen sein. Insbesondere sollten auch Gerätegruppen in einer Weise definierbar sein, daß ein Zugriff von Programmen auf nicht zu ihrem Zuständigkeitsbereich gehörenden Peripheriegeräten verhindert wird. Dazu werden descriptive Namen verwandt, die eine Definition funktionaler Einheiten wie "ZAEHLER", "STATUS", "EXPERIMENT" oder "LABOR" zulassen.

Es ist nicht beabsichtigt, die Sprache an dieser Stelle ausführlich bis in alle Einzelheiten zu beschreiben; dazu wird auf die Literatur verwiesen (Es3, Ho4). Zur Erläuterung der Zielsetzungen und der Realisierungsform sollen jedoch einige der wichtigsten Kontrollstatements zusammen mit typischen Kommandos angegeben werde. Die Kommandos entsprechen einigen der in Tabelle 4.1 von Abschnitt 4.4.1 zusammengestellten CAMAC-Funktionen.

1. Kontrollanweisungen:
   - <u>CAMACSEGMENT</u> bezeichnet den Beginn eines CAMAC Programmteils und
   - <u>CAMACSEGMENTEND</u> dessen Ende.
   - <u>BEGINCAMAC</u> zeigt den Beginn einer Sequenz von
   . eigentlichen CAMAC-Kommandos an,
   - <u>ENDCAMAC</u> deren Ende.
   - <u>CAMACTASK</u> definiert den Beginn eines eigenständigen CAMAC-Programmteils (TASK), das asynchron zu anderen Aufgaben bearbeitet werden soll.
   - <u>TASKEND</u> bezeichnet das Ende des CAMAC-Task.
2. CAMAC-Kommandos:
   - <u>READ</u>, <u>WRITE</u>, <u>TRANSFER</u> oder <u>MOVE</u> sind Datenübertragungskommandos für die Datenein- bzw. Datenausgabe; sie werden im Übersetzungsprozess in die CAMAC-Funktion F=0 bzw. F=1 oder F=16 bzw. F=17 umgesetzt.
   - <u>READCLR</u> ist die in Figur 4.22 erläuterte Funktion zur Datenerfassung mit anschließender Löschoperation; sie entspricht der CAMAC-Funktion F=2.
   - <u>READLAM</u> erfaßt die LAM (Look-at-me) Bedingung in einem Modul (F=8).
   - <u>ENABLEINT</u> aktiviert das Modul und läßt eine Unterbrechung über LAM zu (F=26).

Die Kennzeichnungen P, Q, R und S am Ende eines Kommandos zur Gerätedefinition kennzeichnen die Art des "CAMAC-Handshake". Mit dem "Equivalence" Statement "EQV" lassen sich die

CAMAC-Kommandos beliebig den Gegebenheiten im Anwendungsfalle anpassen, also beispielsweise:

```
CAMACSEGMENT BEISPIEL ENDSTATEMENT
 CEQV ENDSTATEMENT
  . EQV ENDSTATEMENT ENDSTATEMENT
   LESEN EQV READ.
   SCHREIBEN EQV WRITE.
```

Anweisungen wie sie in üblichen Programmiersprachen für allgemeine Anwendungen vorgefunden werden, sind in der CAMAC-Sprache nicht enthalten. Ein spezieller Sprachumwandler muß deshalb eingesetzt werden, um die Statements der CAMAC-Sprache zwischen "CAMACSEGMENT" und "CAMACSEGMENTEND" so umzuwandeln, daß der entstehende Code entweder gemeinsam mit den restlichen Programmteilen übersetzt oder später mit dem Objektode zusammen geladen und danach zur Ausführung gebracht werden kann. Zwischen beiden Umwandlungsprozessen muß eine enge Verbindung bestehen. In einer FORTRAN-Umgebung kann die Umwandlung beispielsweise in dem Aufruf von Instruktionen resultieren, denen die im Programm zugewiesenen Parameter bei Aufruf als Adressen im Arbeitsspeicher übermittelt werden. Für den Fall, daß CAMAC-orientierte Funktionen im Betriebssystem oder als spezielle Programme implementiert sind, wird der generierte Code naturgemäß unmittelbar diese Funktion ansprechen. Zur einfacheren Durchführung des Umsetzprozesses wird bei Implementierungen dieser Art zunächst auf eine Zwischensprache IML (Intermediate Language) umgesetzt, die dann ihrerseits als Folge einer weiteren Umwandlung oder einer Interpretationsphase im Aufruf der im Betriebssystem vorhandenen Funktionen resultiert. Beispielsweise entsteht aus der Anweisung

```
         READ REG DATA1
```

das IML-Statement:

```
         READ 0 H,1,2,1,0 V,16,DATA1.
```

Dabei bedeuten:
- "READ" die Anweisungsklasse;
- "O" die CAMAC-Funktion;
- H,1,2,1,0 die CAMAC (Hardware Adresse) mit
  Branch=1, Crate=2, Module=1 und Subadresse=0;
- V,16,DATA1, daß "DATA1" eine Variable mit einer
  Wortlänge von 16 Bit ist.

Bereits an diesen wenigen Beispielen soll klar werden, daß mit der Implementierung der CAMAC-Sprache eine spezielle Form gefunden worden ist, die den Anforderungen an die Prozeßdatenverarbeitung in einer CAMAC-Umgebung voll gerecht wird. Andererseits erkennt man jedoch auch, daß die Verknüpfung mit höheren Programmiersprachen nicht so allgemein gelöst ist, daß eine volle Integration entstanden wäre. Die Sprachformen stehen getrennt nebeneinander und werden über die beiden genannten Methoden (Subroutinen oder IML) miteinander verbunden.

6.2.4 PL-11

Die Programmiersprache PL-11 ist urspünglich von B. Russel bei CERN (Centre Européen des Recherches Nucleaire) für die Programmierarbeiten an dem sehr umfangreichen OMEGA-Experiment entwickelt worden, für dessen Datenerfassung und Datenanalyse mehrere große Prozeßrechner vom Typ DEC PDP11 im Verbund mit anderen Rechenanlagen zusammengeschaltet sind. In ihrem Aufbau entspricht PL-11 der Programmiersprache PL-360 (Wi6), die man auch als strukturierten Assembler oder höhere Assemblersprache bezeichnet. Dieser Sprachentyp eröffnet über symbolische Bezeichnungen einen leichten Zugang zu den Einrichtungen des Rechnerkerns und der Datenübertragungsmechanismen, ohne den Maschinencode direkt verwenden zu müssen.

Einige prozeßspezifische Charakteristika von PL-11 sollen hier festgehalten werden; eine vollständige Beschreibung aller Sprachelemente findet man in der Literatur (Rul).

<u>Unterbrechungen</u>

Da man auch im kritischen Anwendungsfalle ein schnelles Reaktionsverhalten erreichen will, wird die Startadresse eines Programms, das bei Auftreten eines Unterbrechungssignals angestoßen werden soll, unmittelbar in den von der Rechnerarchitektur für die Unterbrechungsvektoren vorgesehenen Speicherplätzen eingereiht. Die Sicherung des Programmzustands (Austauschvektors) der unterbrochenen Aufgabe wird ausschließlich über Stack-Operationen erreicht. Im Beispiel wird die Anweisung

```
INTERRUPT $20 PROCEDURE XYZ(PSW);
            BEGIN

            END;
```

beim Laden des Moduls in einer Übertragung der ersten Programmadresse der mit "XYZ" bezeichneten Prozedur nach Speicherzelle $20 (Octal) des Arbeitsspeichers resultieren. Dabei kann die neue Priorität innerhalb von "PSW" festgelegt werden. Aus der Kombination der Anweisungen "INTERRUPT", "BEGIN" und "END" wird bei Auftreten eines Unterbrechungssignals für ein Konservieren des unterbrochenen Programmzustandes im Stackbereich gesorgt und in gleicher Weise beim Verlassen der Prozedur von dort reaktiviert. Es ist evident, daß dieser unmittelbare Kontakt mit den Einrichtungen des Rechnerkerns hohe Reaktionsgeschwindigkeiten mit gewissen Risiken in der Programmierung verbindet.

Bedingt durch die Rechnerarchitektur werden Peripheriegeräte

bei dem Rechner PDP-11 genauso angesprochen wie Speicherplätze
im Hauptspeicher. Dadurch sind Ein-/Ausgabeanweisung in ihrer
mnemonischen Struktur identisch mit anderen Zuweisungs-
kommandos. Sie sollen hier deshalb nicht gesondert behandelt
werden. Die Sprachcharakteristika von PL-11 lassen sich jedoch
leicht an einigen typischen Anweisungen bei der programmtechnischen Implementierung für eine über CAMAC angeschlossene
Prozeßperipherie erkennen (Ru1).

Ein Block von 10 CAMAC Registern beginnend bei Modul 1,
Subadresse 1 in CRATE 1 wird definiert durch:

```
ARRAY 10 INTEGER SCALER SYN
CRATE 1 STATION 1 SUBADRESS 0;
EQUATE SPACING SYN 2;
```

"SYN" kennzeichnet eine syntaktische Anweisung; "SPACING" gibt
an, daß die Adresse von Zähler zu Zähler jeweils um 2 erhöht
werden muß (jeweils nur Gruppenregister 1 ist als Zähler belegt). Eine Nullstellung aller 10 Zähler wird durch die Anweisung

```
FOR R1 FROM 0 STEP SPACING UPTO 9*SPACING DO
0 => SCALER (R1);
```

erreicht. Die Erfassung aller 10 Zähler, ihre Aufsummierung
und Mitteilung folgt aus folgenden Kommandos:

```
0 => SUM;
FOR R1 FROM 0 STEP SPACING UPTO 9*SPACING DO
SUM + SCALER (R1);
SUM => AVERAGE/10;
```

Eine Übertragung der Zählerwerte in ein anderes Datenfeld er-
gibt sich aus den Anweisungen:

```
O => R2;
FOR R1 FROM O STEP SPACING UPTO
          9*SPACING DO
    BEGIN
    SCALER(R1) => X(R2); R2 + 2;
    END;
```

Bestimmte CAMAC-Funktionen werden in Form von Deklarationen definiert und können auf die vereinbarte CAMAC-Peripherie angewandt werden.

```
    CAMAC FUNCTION ENABLE(26), DISABLE(24)
                   TESTLAM(8), CLEARLAM(10);
    FOR R1 FROM O STEP SPACING UPTO 9*SPACING DO
    BEGIN
    ENABLE(SCALER(R1));
    CLEARLAM(SCALER(R1));
    END;
        .
    O => R2;
    FOR R1 FROM O STEP SPACING UPTO 9*SPACING DO
    BEGIN
WAIT:   TESTLAM(SCALER (R1));
    IF NOT Q THEN GOTO WAIT;
    SCALER(R1) => X(R2);
    R2 + 2;
    END;
```

Das zuletzt angegebene Programmbeispiel sorgt für eine Erfassung aller 10 Zähler, sobald eine LAM-Bedingung aufgetaucht ist.

PL-11 hat sich bei der Steuerung komplexer Experimente und Prozeßsteuerungssysteme bewährt. Auch numerische und zeichenverarbeitende Operationen allgemeinerer Art sind in PL-11 befriedigend gut unterstützt, sodaß die Sprache den unmittelbaren Anforderungen in der Prozeßdatenverarbeitung auch bei komplexeren Anwendungen voll gewachsen ist. Der Vorteil von PL-11 liegt in der ausgeprägten Selbst-Dokumentation an den Prozeßrechnern vom Typ PDP-11 sowie an einer Reihe von größeren Rechenanlagen.

6.2.5 <u>Event Driven Executive</u>

In den Abschnitten 5.2 und 5.4 waren die Mechanismen der Weitergabe und der Ausführung von Aufträgen der einem Prozeßrechner zugeordneten Programme an das Betriebssystem als zentralem Auftragsverwalter erläutert worden. Dabei war gezeigt worden, wie die einzelnen Aufträge als Parameterlisten in der Programmsequenz enthalten sind; die Auftragsübergabe war jeweils durch eine Sprunginstruktion (SVC, JSR etc.) ausgelöst worden. Im Konzept lag die Kontrolle über den Rechnerkern jeweils bei dem Programm in Zustand "Aktiv"; lediglich im Augenblick der Auftragsübergabe wurde die Programmkontrolle an den zentralen Monitor übergeben. Besteht nun das Programm in seinem Instruktionsteil nur aus Anweisungen dieser Art, so erübrigt sich das jeweilige Zurückschalten vom Monitor zum Programm; der Programmcode wird dann vollständig vom Betriebssystem interpretiert und die Anweisungen werden in Servicemodulen dargestellt.

Um eine Systemimplementierung dieser Art handelt es sich bei EDX (<u>E</u>vent <u>D</u>riven <u>E</u>xecutive). Sprache und Betriebssystem basieren auf dem früheren LABS/7, das für die Rechner IBM System/7 implementiert worden war und in verschiedenen Varianten existiert (Ho2, Ra1, Hu3). EDX arbeitet auf dem Rechner IBM Series/1 (Ib2). Die Arbeitsweise des Systems wird an Hand von Figur 6.3 erläutert.

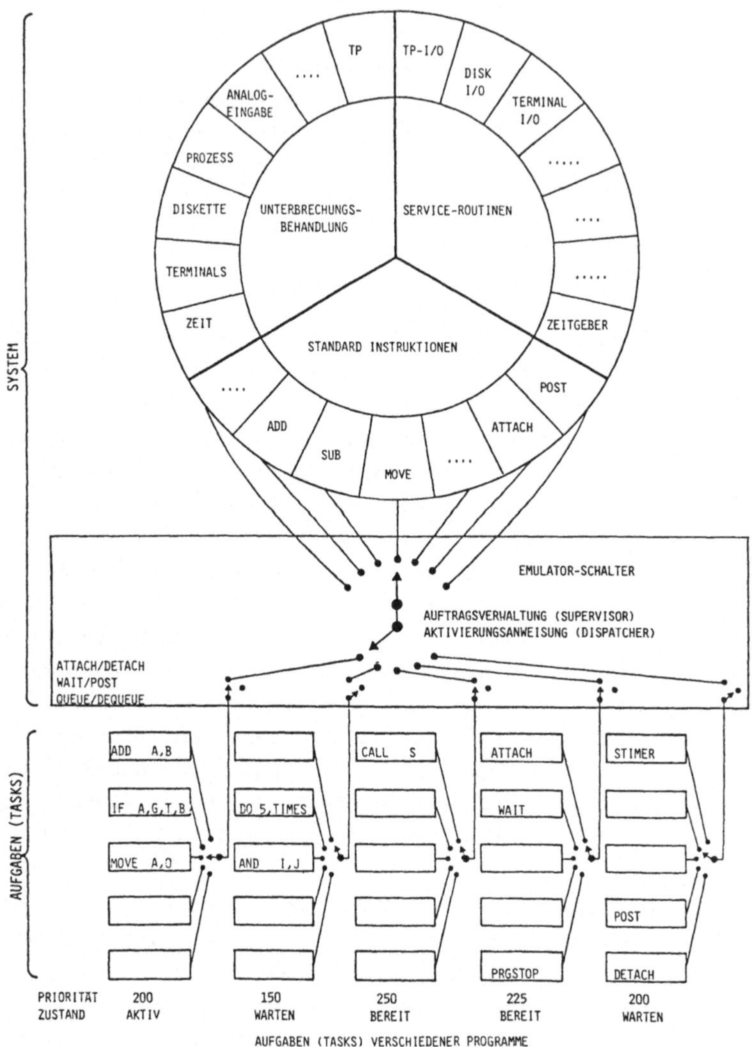

Figur 6.3: Strukturschema der Event Driven Executive.

Kategorie	Kommando	Funktion
System- konfigu- ration	SYSTEM	Definiert die Hauptspeichergröße, die Maximalzahl der gleichzeitig zugelassenen Programme und die Einteilung des Hauptspeichers in Teilbereiche;
	IODEF	Definiert die am Rechner angeschlossen Peripheriegeräte;
Aufgaben- kontrolle	TASK	Definiert eine eigenständige Aufgabe;
	ATTACH	Aufgabeaktivierung;
	WAIT	Warten auf "EVENT" (Ereignis);
	QUEUE	Anforderung des Zugriffs auf ein Betriebsmittel, z.B. Peripheriegerät;
Programm- kontrolle	CALL	Aufruf einer Subroutine;
	USER	Aufruf einer Routine in Maschinencode;
	GOTO	Programmverzweigung;
Zeit- kontrolle	INTIME	Zeit seit letztem Aufruf;
	STIMER	Aufgabenaufruf nach Zeitablauf;
Daten- behandlung	ADD	Addiere zwei ganze Zahlen oder zwei Vektoren aus ganzen Zahlen mit 16 Bit oder 32 Bit Genauigkeit;
	FMULT	Multipliziere zwei Gleitkommazahlen der spezifizierten Genauigkeit;
	CONVTD	Wandle eine Zeichenfolge von EBCDIC-Code in Binärzahlen um;
Konsol- unterstützung	QUESTION	Anfrage über die Konsole mit Entscheidungsmöglichkeit;
	PRINTDATE	Ein-/Ausgabeanweisungen für die
	READTEXT	Monitorkonsole;
Datenfern- verarbeitung	TP SUBMIT	Übermittlung eines Auftrags an einen über DFÜ angeschlossenen Rechner;
	TP WRITE	Senden von Daten;
	TP READ	Empfangen von Daten;

Tabelle 6.1: Typische Kommandos in EDX.

EDX ist ein vollständig tabellen-orientiertes Betriebssystem. Für jede Einzelaufgabe, für jede Ereignissituation und für die Anforderungen von Betriebsmitteln sind Listen vorhanden, die innerhalb des Systems gemäß den in Abschnitt 5.2 erläuterten Techniken untereinander verkettet sind. Diese Tabellen sind die Basis für eine effiziente globale Systemkommunikation. Das eigentliche EDX-System besteht aus:

- der Aktivierungsanweisung,
- Auftragsumschaltung,
- den Emulationsroutinen für die Standard-Instruktionen,
- den Service Routinen für komplexere Aufträge sowie
- den Kontrollroutinen (Treiberprogramme) für die angeschlossenen Geräte einschließlich der Behandlung der zugehörigen Unterbrechungssignale.

Das System schaltet von Parameterliste zu Parameterliste einer Aufgabe weiter. Zu anderen Aufgaben wird umgeschaltet, wenn Unterbrechungssignale, Zeitsignale oder andere die Anweisungen wie ATTACH bzw. DETACH oder WAIT bzw. POST dies auslösen.

Die Anweisungen innerhalb eines Programms während der Ausführungsphase gehen aus einem Übersetzungsprozeß hervor, bei dem die Befehle mit der Struktur einer Macro-Assembler-Sprache in den vom Betriebssystem zu interpretierenden Code umgesetzt werden. In Tabelle 6.1 werden einige typische EDX-Kommandos erläutert. Dabei sind typische Vertreter der wichtigsten Kommandogruppen herausgegriffen.

Besonders erläutert werden sollen hier nur die prozeßspezifischen Kommandos zur Definition der Anschlußschemata, die Kommandos zur Unterbrechungsbehandlung und die eigentlichen Ein-/Ausgabeinstruktionen. Mit dem Kommando "IODEF" werden die Anschlußwege und deren Zuordnung festgelegt. Unterbrechungssignale werden mit

```
IODEF    PIx,ADDRESS=..., BIT=...
```

einer bestimmten physikalischen Peripherieadresse und einem
bestimmten Bitmuster zugeordnet. Bei Auftreten eines Unterbrechungssignals an der durch ADDRESS und BIT definierten
Stelle wird eine mit "WAIT PIx" wartende Aufgabe in den Zustand "Bereit" versetzt. Die Definitionsanweisungen

```
IODEF DOx,TYPE=...,ADDRESS=...
IODEF DIx,TYPE=SUBGROUP,ADDRESS=...,BITS=(...)
IODEF AOx, ADDRESS=...,POINT=...
IODEF AIx, ADDRESS=...,POINT=...,RANGE=...,ZCOR=...
```

ordnet einzelnen Peripherieadressen bestimmte im Programmablauf verwendete Bezeichnungen zu, wobei "x" eine beliebige
Ziffernfolge zwischen "0" und "99" sein kann, also beispielsweise DO2, DI55, AO3 und AI18. POINT, RANGE und ZCOR legen bestimmte beim Rechner Series/1 vorhandene Eigenschaften der
analogen Ein-/Ausgabegeräte fest. Die eigentliche Ausführung
von Ein-/Ausgabeoperationen wird durch die Kommandos vom Typ
"SENSOR BASED INPUT/OUTPUT" erreicht. Also

```
SBIO     AOx,LOC
SBIO     AIx,LOC
SBIO     DOx,LOC
SBIO     DIx,LOC
```

wobei AOx bis DIx die unter IODEF vereinbarten Peripheriean-
schlüsse sind und LOC die Adressen im Arbeitsspeicher bezeich-
nen. Die SBIO-Kommandos können noch mit einer Reihe zusätzlicher Operationen für Varianten bei der Ein-/Ausgabe gekennzeichnet sein.

Naturgemäß ist mit der Technik des Interpretierens von Anwei-
sungslisten einerseits ein gewisser Geschwindigkeitsverlust

verbunden, andererseits sind die Programmstrukturen extrem einfach und die Schutzmöglichkeiten auch gegen nicht beabsichtigte oder nicht gewollte Zugriffe auf die nicht zu einem Programm gehörige Peripherie ist leicht realisierbar. Im extrem zeitkritischen Anwendungsfall muß dennoch ein direkter Zugriff unmittelbar auf die Einrichtungen des Rechnerkerns selbst möglich sein. Dazu sind die Kommandos USER und SPECPI implementiert worden:

```
USER  NAME, PARM=(...),P=(...)
IODEF PIx,ADRESSE=...,...,SPECI=NAME
```

"NAME" bezeichnet in beiden Fällen die Anfangsadresse einer Routine, die in Assembler-Sprache geschrieben worden ist. Diese Routine wird je nach Anwendungsfall aktiviert, wenn sie über "USER" aufgerufen ist oder wenn das über IODEF zugeordnete Unterbrechungssignal auftritt.

Insgesamt verfügt EDX über ein weites Kommandospektrum. Als Folge der hohen internen Arbeitsgeschwindigkeit des Rechners Series/1 werden mit EDX trotz seiner interpretierenden Arbeitstechniken gute Leistungsmerkmale erreicht, die das System auch für extreme Anforderungen geeignet machen. Insbesondere sind die Kommunikationsmechanismen zum Austausch von Daten und Dateien jeder Art mit anderen Rechnern ausgeprägt implementiert.

7 Ausblick auf die Anwendungen

Prozeßdatenverarbeitung finden wir heute uneingeschränkt in nahezu allen Bereichen unseres Umfeldes. Zum Abschluß der knappen Einführung in die wichtigsten Arbeitsprinzipien des diskutierten Aufgabenkreises sollen hier einige typische Anwendungen erwähnt werden, ohne dabei im Detail auf die Arbeitsmechanismen einzugehen. Die Prozeßdatenverarbeitung hat die Arbeitsvorgänge bei der Fertigung von Produkten unserer Konsumgüterindustrie im Laufe der zurückliegenden Jahre in ganz erheblichem Umfange verändert. Wenn wir heute ein Automobilwerk besichtigen, so beobachten wir, daß die schweren Arbeiten, wie das Pressen der Karosserie und das Zusammenschweißen dieser Teile zum Fahrzeug weitgehend vollautomatisch - ohne unmittelbare Eingriffe von Personen - durchgeführt werden. Umfangreiche Fertigungsstrecken werden unter Aufsicht weniger Fachleute durch den Einsatz von Datenverarbeitungseinrichtungen kontrolliert und beeinflußt (Sc2). Zur Anpassung der Fertigungskapazität an den Materialvorrat und die individuellen Kundenwünsche werden große Lagerbereiche eingerichtet, in denen halbfertige Produkte vollautomatisch zwischengelagert und je nach Bedarf, wie von Geisterhand getragen, aus dem Vorratsbereich entnommen, versetzt oder neu dort eingereiht werden.

Ein besonders kritischer Fertigungsprozeß ist die Herstellung von integrierten Schaltkreisen für Rechenanlagen. Neben den eigentlichen Steueraufgaben müssen Identifikation, Transport und Zwischenlagerung für jedes einzelne Schaltkreiselement sichergestellt sein, um die extremen Qualitätsansprüche zu erfüllen und den aus ökonomischen Gründen erforderlichen Sortierprozessen, gemäß den unterschiedlichen Leistungsanforderungen für die endgültigen Bauteile, gerecht zu werden. Dazu kommt noch die besonders wichtige Dokumentation der individuellen Einflußgrößen bei der Fertigung, damit Fehler am End-

produkt, auch wenn sie erst während einer späten Fertigungs-
oder Betriebsphase beobachtet werden, gezielt zurückverfolgt
werden können. Die großen Datenmengen und die oft recht aufwendigen Analyseprozesse bei Aufgaben dieser Art können in der
Regel nur realisiert werden, wenn typische Prozeßrechner, die
für Teilaufgaben des gesamten Fertigungsprozesses verantwort-
lich sind, mit Großrechenanlagen im Verbund zusammengeschaltet
und gemeinsam betrieben werden (Va1). Generell sind Verbund-
einrichtungen zur Vernetzung von Prozeßrechnern bei Anwendungen dieser Art unerläßlich.

In der Medizin hat die Prozeßdatenverarbeitung die Arbeitsmechanismen gewaltig verändert. War noch vor wenigen Jahren
die Aufnahme eines Elektrokardiogramms (EKG) mit einem erheblichen Materialaufwand für Zeichengeräte und Papier verbunden,
so werden heute die als Meßdaten zunächst analog vorliegenden
elektrischen Signale von einem Prozeßrechner erfaßt und als
stehendes Bild auf einem graphischen Anzeigegerät dargestellt.
Die unmittelbar aus diesem Kurvenverlauf ablesbaren Diagnose-
werte werden ebenfalls sofort errechnet und aufgezeigt. Geschwindigkeit und Zuverlässigkeit sind als Folge der Technisierung des Diagnoseprozesses in eine andere Dimensionen ge-
rückt worden. Durch Verlagerung von Routinevorgängen auf den
Prozeßrechner bleibt dem Arzt mehr Freiraum für die eigentliche medizinische Tätigkeit (Wi4).

Auch im klinischen Labor sind die Arbeitsmechanismen in erheblichem Umfange von der Prozeßdatenverarbeitung geprägt worden.
Klinisch-chemische Untersuchungsverfahren werden teil- oder
vollautomatisch durchgeführt, indem die erforderlichen Meßgeräte von Prozeßrechnern gesteuert und die gewonnenen Meßdaten
von dort erfaßt werden. Dabei werden in der Regel sowohl der
Transport der Untersuchungsmaterie zu den einzelnen Meßgeräten
als auch die rechnergeführte Erzeugung der Berichte mit den
Untersuchungsergebnissen von diesen Datenverarbeitungssystemen

koordiniert (Kil, Knl). Arzt und Laborfachmann sind weitgehend von dem technischen Arbeitsprozeß entlastet.

Eine besondere Rolle kommen Prozeßrechnern in der Forschung zu. Die äußerst komplizierten Steuerungs- und Erfassungsvorgänge in der Raumfahrt sowohl bei der Entwicklung und Erprobung der einzelnen Geräte als auch bei der Ausführung der Expeditionen sind ohne Prozeßdatenverarbeitung nicht realisierbar. Neben den sensor-orientierten und zeitkritischen Aufgabenkreisen werden dabei auch hohe Anforderungen an die Mechanismen zur Informationsübertragung gestellt.

In gleicher Weise fordern die Steuerung großer Teilchenbeschleuniger in der Kern- und Hochenergiephysik sowie die Erfassung von Meßdaten bei Experimenten an solchen Beschleunigern extrem hohe Leistungen von den erforderlichen Prozeßdatenverarbeitungseinrichtungen (Crl, Be2, Epl, Go2, Jel). Mit der Komplexität der Aufgabenkreise ist meist eine Verteilung der Prozeßverantwortung auf ein Netz von Rechenanlagen für verschiedene Aufgaben verbunden. Dabei werden spezielle Techniken für den Informationsfluß zwischen den einzelnen Rechnern entwickelt, weil die hohen Geschwindigkeitsanforderungen in der Regel von den allgemein verfügbaren Systemen nicht angeboten werden.

Neben diesen wenigen Beispielen aus den Anwendungsgebieten der Prozeßdatenverarbeitung in Forschung, Technik und Medizin stehen die Veränderungen und das Entwicklungspotential in unserem täglichen Umfeld im Vordergrund. Wurde das "Programm" des klassischen Waschautomaten durch eine fest vorgegebene Schaltsequenz über Schaltkontakte auf sich drehenden Scheiben erzeugt, so sorgen heute Prozeßrechner in Form von Mikroprozessoren in diesen Geräten dafür, daß neben der Programmsequenz auch Wasserstand, Energieverbrauch, Umdrehungszahl und andere Größen jeweils entsprechend den aktuellen Erfordernissen eingestellt werden. Ebenso werden Benzinzufuhr, Gemischverhältnis und anderes beim modernen Automobil mit kleinen Prozeßrechnern dem Leistungsbedarf je nach den äußeren Gegebenheiten angepaßt.

Die hier angedeuteten Aufgabenkreise machen die rasch ablaufenden, evolutionären Entwicklungen der Prozeßdatenverarbeitung deutlich. Ganze Industrien und übliche Arbeitstechniken werden innerhalb weniger Jahre vollständig verändert. Dies ist jedoch nur möglich, weil der Anwender in der Lage ist, die algorithmischen Arbeitsmechanismen der Prozeßdatenverbeitung auf sein Gebiet zu übertragen und die Techniken der Informationsbehandlung mit dem Prozeßrechner zu adaptieren. Bereitschaft und Wille zum Verstehen anderer Methoden werden unverändert treibendes Moment und inspirierender Faktor auch in der Prozeßdatenverbeitung sein.

Literatur

Aa1 Amperle: Proceedings of the IEEE, Special Issue on
                     Minicomputers, 61, 11, 1973
Ae1 AEG-Telefunken: Unterlagen zum Prozeßrechner AEG 80 und zum
                     Betriebssystem MARTOS, 1979
Ag1 Agrawala/   Foundations of Mikroprogramming
    Rauscher: Academic Press, 1976
An1 Anke/Kaltenecker Prozeßrechner
    /Oetker: Oldenbourg, 1970
Ar1 Aron: The Program Development Process
                     Addison-Wiley,1974
Ba1 Bachmann: Grundlagen der Compilertechnik
                     Oldenbourg, 1975
Ba2 Barron: Assembler and Lader
                     Hanser, 1970
Ba3 Barron: Computer Operating Systems
                     Chapman and Hall, 1971;
Ba4 Barron: Programming Languages
                     Cambridge university Press,1977;
Ba5 Bauer/Goos: Informatik I und II
                     Springer 1971
Ba6 Bauknecht/   Grundzüge der Datenverarbeitung
         Zehnder: Teubner 1980
Be1 Bekey/Karplus: Hybrid-Systems
                     Kohlhammer, 1971
Be2 Beck: The Design and Construction of the Control
                     Center for the CERN SPS Accelerator
                     Bericht CERN SPS-CO/76-1, 1976
Be3 Bell: Minicomputer Software
                     North-Holland,1976
Be4 Bell: Computer Structure
                     McGraw-Hill,1971
Be5 Bell/Mudge/   Computer Engineering
         McNamara: Digital Press, 1978

Bi1 Birck/Swik: Mikroprozessoren und Mikrorechner
                      Oldenburg, 1980
Bi2 Birnbaum: A new Approach for a Time-Shared Data
                      Acquisition and Control
                      Information Processing 71, 1972
Bo1 Boulaye: Microprogramming
                      Hanser,1975
Bu1 Busse: AD- und DA-Wandler in der Meß- und
                      Datentechnik, Geyer, 1971
Ca1 Campbell/Kelly: An Introduction to Macros
                      Macdonald, 1973
Car Carson (Hrsg):   Minicomputers and Microprocessors: a Tutorial
                      IEEE Computer Society 76CH1158-5C, 1976
Ch1 Chin: Fehlertolerante Systeme
                      Teubner, 1979
Co1 Cohen: Operating Systems Analysis and Design
                      Spartan, 1970
Co2 Cole: Instrumentation of Tomorrow's Crystallo-
                      graphy, American Crystall. Ass., 1976
Co3 Cole: Growth Path for Computers in Automated
                      Analysis, Plenum Publ., N.Y. 1973
Co4 Cole: System/7 in a Hierarchial Laboratory Auto-
                      mation System, IBM Syst. J. 13, 307, 1974
Co5 Colin: Betriebssysteme
                      Hanser, 1973
Co6 Colin: Introduction to Operating Systems
                      Macdonald, 1971
Co7 Control Data: Unterlagen zu CDC 1700, Cyber 18 und
                      MSOS 5.0, Control Data Corp., 1978
Co8 Control Data: Unterlagen zu AUTRAN DACS
                      Control Data Corp., 1975
Cr1 Crowley-Milling: The Control System for the CERN SPS
                      Bericht CERN Lab II-CO/75-3, 1975
Cu1 Cuttle/Robinson: Aufbau von Betriebssystemen
                      Hanser, 1972

Cu2 Cuttle/Robinson: Executive Programs and Operating Systems
                     Hanser, 1972
Da1 Danovan: Systems Programming
                     McGraw-Hill, 1972
Da2 Datatpro: DATAPRO International Edition
                     McGraw-Hill, 1979
Da3 Davey: Modems
                     Proc. IEEE, 60, 1284, 1972
De1 Digital Eqipment:PDP 11, Processor Handbook
                     Digital Equipment Corporation 1979
De2 Digital Eqipment:PDP 11, Periperals and Interfacing Handbook
                     Digital Equipment Corporation 1979
De3 Digital Eqipment:PDP 11, Software Handbook
                     Digital Equipment Corporation 1979
Di1 Diehl: Mikroprozessoren und Mikrocomputer
                     Vogel, 1978
Di2 Diehl: Prozeßrechnertechnik
                     Vogel, 1975
Di3 DiStefano et al.:Feadback and Control Systems
                     McGraw-Hill, 1967
Di4 DIN: Deutsches Institut für Normung
                     DIN IEC 66.22, 1976
Di5 DIN: Deutsches Institut für Normung
                     DIN 66020, 1974
Di6 Dietz: Dietz 621 Handbook
                     Dietz Computer Systeme, 1978
Di7 Dietz: Dietz 621 BASEX, Beschreibung, Multi-User
                     Dietz Computer Systeme, 1978
Do1 Dorn/Teuschler: Prozess FORTRAN 300 für Siemens 300-16Bit
                     Angew. Informatik, 18, 1976
Du1 DuRoscoat: Grundsätze und Probleme eines Computer
                     Betriebssystems, Müller, 1973
Dü1 Dürr: SL-3, eine Systemprogrammiersprache auf
                     ALGOL-68-Basis für AEG 80
                     Angew. Informatik, 17, 1975

Dw1 Dworatchek: Datenverarbeitung
                      DeGruyter, 1971
Ea1 Eadie: Introduction to the Basic Computer
                      Prentice Hall, 1968
Ec1 Ecker: Organisation von Parallelen Prozessen
                      BI, 1977
Ec2 Eckhouse: Minicomputer Systems: Organisation and
                      Programming, Prentice-Hall, 1975
En1 Encarnacao: Computer Graphics
                      Oldenbourg, 1975
En2 Enslow: Multiprocessors and Parallel Processing
                      Wiley, 1974
Ep1 European   The European Great Projects
    Physical Soc.:   Proceedings, EPS 1979
Es1 ESONE: CAMAC, A Modular Instrumentation System for
                      Data Handling, ESONE/EURATOM EUR 4100, 1972
Es2 ESONE: CAMAC, Organisation of Multi-Crate Systems
                      ESONE/EURATOM EUR 4600, 1972
Es3 ESONE: Proposal for a CAMAC Language
                      ESONE Commitee 5, 1972
Fe1 Fenichel/   Computers and Computation
        Weizenbaum: Freeman,1971
Fe2 Fernbach/Taub: Computers and their role in the Physical
                      Sciences, Gordon and Breach, 1970
Fr3 Freeman: Software Systems Principles
                      SRA, 1975
Go1 Goldenberg et al:Höhere Programmiersprache für kleine
                      Rechner - das Beispiel BASEX
                      Lect. Notes in Comp. Sc. 12, 1974
Go2 Goldsmith/Shaw: Europe's Giant Accelerators
                      Taylor & Francis, 1977
Gö1 Görke: Mikrorechner
                      BI, 1978
Gr1 Gruenenberger/   Computing with Minicomputers
        Babcock: Melville Publishing Co., 1973

Ha1 Haase/Stucky: BASIC, Programmieren für Anfänger
                     BI, 1977
Ha2 Habermann: Introduction to Operating Systems Design
                     SRA, 1976
Ha3 Hamacher/Vransic Computer Organisation
    /Zaky: McGraw-Hill, 1978
Ha4 Hansen: Betriebssysteme
                     Hanser, 1977
Ha5 Härder: Implementierung von Datenbanksystemen
                     Hanser, 1978
Ha6 Haupt/Petersen: Rechnerkopplungen
        (Hrsg)   RWTH-Aachen, 1976
Ha7 Haupt/Petersen: Rechnernetze und Datenfernverarbeitung
        (Hrsg)   Informatik Berichte, Springer, 1976
Ha8 Hauptmann/   Technik der Datenverarbeitenden Prozess-
    Opitz: rechner, Energieelektronik Verlag, 1975
He1 Hebstreit/   Leistungsmerkmale moderner Prozessrechner
        Kossmann: Ges. für Kernforschung, KfK-PDV 5, 1973
He2 Hellermann: Digital Compuer System Principles
                     McGraw-Hill, 1967
He3 Henley: Computer Based Library and Information
                     Systems, Macdonald, 1972
Hin Hintze: Fundamentals of digital Machine Computing
                     Springer,1966
Ho1 Hobbs: Parallel Processor Systems, Technologies
                     and Application
Ho2 Hochweller: LABS/7 Basic Supervisor Logoc Manual
                     IBM Research Report RJ 1186, 1973
Ho3 Holler/Drobnik: Rechnernetze
                     BI, 1974
Ho4 Hooton: Standard Software for CAMAC Computer
                     Systems, ESONE Software Work Grp 17, 1972
Ho5 Hotes: Digitalrechner in technischen Prozessen
                     DeGruyter, 1967
Ho6 Hotes: Funktionsbausteine für Realzeitbetriebs-

                        systeme, Lect. N. in Comp. Sc. 12, 544, 1974
Ho7 Hotz: Informatik: Rechenanlagen
                        Teubner, 1972
Hp1 Hewlett-Packard: 21MX Computer Series Reference Manual
                        Hewlett-Packard Company, 02108-9002, 1974
Hp2 Hewlett-Packard: Real-Time Executive III Software System
                        Hewlett-Packard Company, 92060-9004, 1976
Hp3 Hewlett-Packard: Unterlagen zum Rechner HP1000
                        Hewlett-Packard Company, 1979
Hu1 Hultzsch: Laborautomatisierung und Experiment-
                        kontrolle in einem hierarchisch struk-
                        turierten Computerverbund
                        Lect. N. in Comp. Sc. 34, 310, 1975
Hu2 Hultzsch: Methoden der Programmerstellung in
                        zeitkritischen Systemen,
                        Informatik Fachber. 7, 335, 1977
Hu3 Hultzsch: Laboratory Automation in a Novel Computer
                        Hierarchy, IBM Res. Rep. RC 4714, 1974
Hwa Hwang: Computer Arithmetik
                        Wiley, 1979
IB1 IBM Corp.   Beschreibungen zum Rechner IBM Series/1
                        GA34-0033-2, -0021-2, -0035-2
IB2 IBM Corp.   Event Driven Executive
                        SB-1213-0, GB-1052-0
IE1 IEEE Computer   4th Annual Sympos. on Computer Architecture
    Society: IEEE Comp. Soc. 77CH1182-5C, 1977
IE2 IEEE Computer   Microcomputer Based Instrumentation, Pro-
    Society: ceedings, IEEE Comp. Soc. 78CH182-5C, 19787
IE3 IEEE Computer   Computer Technology to Reach the People, Pro-
    Society: ceedings, IEEE Comp. Soc. 75CH0920-9C, 1975
IE4 IEEE Computer   Microprogramming, Proceedings
    Society: IEEE Comp. Soc. CH1053-8C, 1975
IE5 IEEE Computer   Microprogramming, a Tutorial
    Society: IEEE Comp. Soc. 75CH1033-0C, 1975
IE6 IEEE Instr. and   IEEE Standard Digital Interface for Programm-

      Meas. Group: able Intrumentation, IEEE Instrumentation and
                          Measurement Group, Std. 488-1978, 1978

IE7 IEEE   CAMAC Insumentation and Interface Standards
                          Wiley, 1976

IE8 IEEE Computer   10th Annual Workshop on Microprogramming
    Society: IEEE Comp. Soc. 77CH1266-6C, 1977

IE1 IEEE Computer   4th Annual Sympos. on Computer Architecture
    Society: IEEE Comp. Soc. 77CH1182-5C, 1977

Je1 JET: The JET Project, Nuclear Science and
                          Technology Commision of the European
                          Community, EUR 5791e, 1977

Je2 Jensen/Wirth: PASCAL, User Manual and Report
                          Springer, 1974

Kä2 Kästner: Architektur und Organisation digitaler
                          Rechenanlagen, Teubner 1978

Ka1 Kadzia/Langmaak: Informatik: Programmierung
                          Teubner, 1973

Ka2 Kaufmann: Datenspeicher
                          Oldenbourg, 1973

Ka3 Kappatsch: Was ist PEARL?
                          Elektronische Rechenanlagen, 19, 1977, 284

Ka4 Katzan: Advanced Programming
                          Nostrand-Reinhold, 1970

Ka5 Kaucher/Klatte/   Höhere Programmiersprachen: ALGOL,
        Ullrich: FORTRAN, PASCAL,   BI, 1978

Ke1 Kemeny/Kurtz: BASIC Programming
                          Wiley, 1971

Ke2 Kernighhan/   The Element of Programming Style
        Plauger: McGraw-Hill, 1974

Ki1 Killian: Ein modular strukturiertes Programm-
                          system mit interaktiven Variations-
                          und Optimierungsmöglichkeiten
                          Forschungsbericht, München, 1976

Kn1 Knedel/Killian: DV-System für das Klinikum Großhadern
                          Bericht, München, 1975

Kr1 Krayl/Neuhold/   Grundlagen der Betriebssysteme
         Weiter: DeGruyter, 1975
Kr2 Krüger/Friehmelt: Prozessrechner, Lect. Notes in Comp.Sc.
         (Hrsg)   Springer 1974
Ku1 Kuck: Programmsysteme für Realzeitrechner
                      Oldenbourg, 1972
Ku2 Kubitz/Kind: Macro-IML Manual
                      HMI, 1975 und Camac Bull. 13, 1975
Ku3 Kunsemüller: Digitale Rechenanlagen
                      Teubner, 1971
Ku4 Kunsemüller: Betriebsprogramme in Rechenanlagen
                      Teubner, 1973
Ku5 Kupka/Wilsing: Dialogsprachen
                      Teubner, 1975
Ku6 Kurzbahn/Heines/ Operating Systems Principles
         Sayers: Petrocelli/Charter, 1975
La1 Lawrence/Fenwick: Data Acquisition and Real Time Systems
                      Queensland Univ. Press, 1971
La2 Lauber: Prozeßautomatisierung
                      Springer, 1972
Li1 Ligomedis: Information Processing Machines
                      Holt,Rinehardt,Winston, 1969
Ma1 Malmstadt: Computer Logic
                      Benjamin, 1970
Ma2 Malmstadt: Digital Electronics for Scientists
                      Benjamin, 1969
Ma3 Martin: Echtzeit-Programmiertechnik
                      Kohlhammer, 1973
Ma4 Martin: Mikrocomputer in der Prozeßdatenverarbeitung
                      Hanser, 1977
Me1 Mell/Preuss/   Einführung in die Programmiersprache PL/I
         Sandner: BI, 1974
Mi1 Mies: Feldrechner
                      BI, 1976
Mo1 Modcomp   Modcomp System-Handbuch

Modular Computer Systems, 1975

Mo2 Motsch, W.:   Halbleiterspeicher
                         BI, 1978

Nil Niedereichholz: Innerbetriebliche Materialflußplanung
                         Toeche-Mitter, 1979

Pd1 KFK-PDV Bericht: Basic PEARL Language Description
                         Kernforschungszentrum Karlsruhe PDV 120, 1977

Pel Pennington: Computer Methods and Numerical Analysis
                         Macmillan, 1970

Pe2 Perone/Jones: Digital Computers in Scientific Instru
                         mentation, McGraw-Hill, 1973

Pe3 Perone: Computer Applications in the Chemistry
                         Laboratory, Analyt. Chemistry, 43, 1971

Pil Pieper: Einführung in die Programmierung Paralleler
                         Prozesse, Oldenbourg, 1977

Prl Pressmann: Digitale Schaltungen
                         Berliner Union K

Ral Raimondi et al: LABS/7 - a Distributed Real-Time Operating
                         System, IBM Syst. Journal 15, 1976

Ra2 Randell: The Origin of Digital Computers
                         Springer, 1973

Rel Rembold: Prozeß- und Mikrorechnersysteme
                         Oldenburg, 1979

Re2 Remmele/Schecher: Microcomputing
                         Teubner, 1978

Re2 Renwick/Cole: Digital Storage Systems
                         Chapman & Hall, 1971

Ril Richards: Digital Computer Components
                         Ostrand

Ri2 Richards: Arithmetik Operations in Digital Computers
                         Ostrand

Ri3 Richter: Betriebssysteme
                         Teubner, 1978

Rol Rohlfing: Simula
                         BI, 1973

Ru1 Russel/Streater: PL-11: A Programming Language
CERN 74-24, 1974

Sc1 Schecher: Funktioneller Aufbau digitaler
Rechenanlagen, Springer, 1973

Sc2 Scheer: Datenverwaltung im Fertigungsbereich
Informatik 3, 1980

Sc3 Scheid: Introduction to Computer Science
McGraw-Hill, 1970

Sc4 Schmid/Senger/ Technische Informatik
    Wojtkowiak: Oldenbourg, 1973

Sc5 Schmidt (Hrsg): Prozessrechner, Informatik-Fachberichte
Springer 1977

Sc6 Schmidt: Digitalschaltungen mit Mikroprozessoren
Teubner 1978

Sc7 Schneider: Programmierung von Datenverarbeitungsanlagen, DeGruyter, 1967

Sc8 Schneider: Compiler
DeGruyter, 1975

Sc9 Schoeffer: Tutorial: Minicomputer Realtime Executives
IEEE Computer Society JH2627-8C, 1974

ScA Schoeffler: IBM Series/1, The Small Computer Concept
Intern. Business Machines Corp., GSD, 1978

ScB Schöne: Prozeßrechensysteme der Verfahrensindustrie
Hanser, 1969

ScC Schwartz: Computer Communications Network Design
and Analysis, Prentice-Hall, 1977

Se1 Seegmüller: Einführung in die Systemprogrammierung
BI, 1974

Si1 Siemens: Unterlagen zu der Rechnerserie SIEMENS
300 R10 bis R40, Siemens 1979

Sm1 Smith: Digital Logic
Newness-Butterworths, 1971

So1 Sobel: Introduction to Digital Computer Design
Addison-Weley, 1970

So2 Soucek, B.: Minicomputers, Data Processing and

		Simulation, 1970
Sp1	Speiser:	Digitale Rechenanlagen
		Springer, 1967
Sp2	Spaniol:	Arithmetik in Rechenanlagen
		Teubner, 1976
St1	Stone:	Introduction to Computer Organisation
		and Data Structures, McGraw-Hill, 1972
St2	Stone:	Introduction to Computer Architecture
		SRA, 1975
St3	Stuckenberg:	Digitale Logik
		Braun, 1970
Sw1	Swalen et al.:	Laboratory Automation
		IBM Research Report, RJ 746, 1970
Ta1	Tanenbaum:	Structured Computer Organisation,
		Prentice-Hall, 1976
Ta2	Tandem:	Unterlagen zu dem Rechnersystem Tandem 16
		Tandem Computers, Cupertino, 1976
Un1	Univac:	Unterlagen zum Prozessrechner V77 und zum
		Betriebssystem VORTEX-II, Sperry Univac, 1979
Va1	Valjak:	Technische Datenverarbeitung bei der Herstellung von Halbleiter-Speicherelementen
		Elektr. Rechenanlagen 22, 1980
Wa1	Walker:	Computer-Technik
		Safari, 1969
We1	Wedekind:	Datenorganisation
		DeGruyter
We2	Wedekind:	Datenbanksysteme I
		BI, 1970
We3	Wedekind/Härder:	Datenbanksysteme II
		BI, 1976
We4	Weitzmann:	Minicomputer Systems: Structure and
		Application, Prentice-Hall, 1974
Wi1	Wilkes:	Time-Sharing Computer Systems
		Macdonald, 1972
Wi2	Wilkes:	Time-Sharing Betrieb bei Digitalen

                 Rechenanlagen, Hanser, 1970
Wi3 Wilkes: The Best Way to Design an Automatic
                 Calculating Machine, Manchester Univ.
                 Computer Inaugural Conference, 1951
Wi4 Wingert: Medizinische Informatik
                 Teubner, 1979
Wi5 Wirth: Systematisches Programmieren
                 Teubner, 1972
Wi6 Wirth: A Programming Language for the IBM 360
                 Journal ACM 15, 1968
Wo1 Woolons: Introduction to Digital Computer Design
                 McGraw-Hill, 1972
You Yourdon: Design of On-line Computer Systems
                 Prentice-Hall, 1972
Zie Ziedlow: On-line Rechner in der Chemie,
                 de Gruyter, Berlin 1973
Zim Zima: Betiebssysteme
                 BI, 1976

Teubner Studienbücher

Informatik

Berstel: **Transductions and Context-Free Languages**
278 Seiten. DM 38,– (LAMM)

Dal Cin: **Fehlertolerante Systeme**
206 Seiten. DM 23,80 (LAMM)

Ehrig et al.: **Universal Theory of Automata**
A Categorical Approach. 240 Seiten. DM 24,80

Giloi: **Principles of Continuous System Simulation**
Analog, Digital and Hybrid Simulation in a Computer Science Perspective
172 Seiten. DM 25,80 (LAMM)

Hotz: **Informatik: Rechenanlagen**
Struktur und Entwurf. 136 Seiten. DM 17,80 (LAMM)

Kandzia/Langmaack: **Informatik: Programmierung**
234 Seiten. DM 24,80 (LAMM)

Kupka/Wilsing: **Dialogsprachen**
168 Seiten. DM 19,80 (LAMM)

Maurer: **Datenstrukturen und Programmierverfahren**
222 Seiten. DM 26,80 (LAMM)

Mehlhorn: **Effiziente Algorithmen**
240 Seiten. DM 24,80 (LAMM)

Oberschelp/Wille: **Mathematischer Einführungskurs für Informatiker**
Diskrete Strukturen. 236 Seiten. DM 22,80 (LAMM)

Paul: **Komplexitätstheorie**
247 Seiten. DM 25,80 (LAMM)

Richter: **Betriebssysteme**
Eine Einführung. 152 Seiten. DM 22,80 (LAMM)

Richter: **Logikkalküle**
232 Seiten. DM 24,80 (LAMM)

Schlageter/Stucky: **Datenbanksysteme: Konzepte und Modelle**
261 Seiten. DM 22,80 (LAMM)

Schnorr: **Rekursive Funktionen und ihre Komplexität**
191 Seiten. DM 25,80 (LAMM)

Spaniol: **Arithmetik in Rechenanlagen**
Logik und Entwurf. 208 Seiten. DM 24,80 (LAMM)

Vollmar: **Algorithmen in Zellularautomaten**
Eine Einführung. 192 Seiten. DM 21,80 (LAMM)

Wirth: **Algorithmen und Datenstrukturen**
2. Aufl. 376 Seiten. DM 26,80 (LAMM)

Wirth: **Compilerbau**
Eine Einführung. 2. Aufl. 94 Seiten. DM 16,80 (LAMM)

Wirth: **Systematisches Programmieren**
Eine Einführung. 3. Aufl. 160 Seiten. DM 21,80 (LAMM)

Preisänderungen vorbehalten